董云讲蛋鸡™
DONG YUN

DANJI YANGZHI DAYI

蛋鸡养殖答疑

董云　主编

山东科学技术出版社
·济南·

图书在版编目（CIP）数据

蛋鸡养殖答疑 / 董云主编 . -- 济南：山东科学技术出版社，2022.8（2024.10 重印）

ISBN 978-7-5723-1336-3

Ⅰ . ①蛋…　Ⅱ . ①董…　Ⅲ . ①卵用鸡 - 饲养管理　Ⅳ . ① S831.4

中国版本图书馆 CIP 数据核字 (2022) 第126826 号

蛋鸡养殖答疑

DANJI YANGZHI DAYI

责任编辑：于　军

装帧设计：李晨溪

主管单位：山东出版传媒股份有限公司

出 版 者：山东科学技术出版社

地址：济南市市中区舜耕路 517 号

邮编：250003　电话：（0531）82098088

网址：www.lkj.com.cn

电子邮件：sdkj@sdcbcm.com

发 行 者：山东科学技术出版社

地址：济南市市中区舜耕路 517 号

邮编：250003　电话：（0531）82098067

印 刷 者：日照梓名印务有限公司

地址：山东省日照市莒县城区日照西路北侧 87 号

邮编：276500　电话：（0633）6826211

规格：16 开（170 mm × 240 mm）

印张：5.75　　**字数：**65 千

版次：2022 年 8 月第 1 版　**印次：**2024 年 10 月第 4 次印刷

定价：35.00 元

董 云

从事蛋鸡养殖和疾病防治工作20余年，现任“董云讲蛋鸡”培训学院院长，山东云蓝生物科技有限公司董事长，快手、抖音等自媒体授课老师。在蛋鸡饲养管理、蛋鸡高产技术推广应用和疾病诊疗方面有着丰富的临床实践经验。在全国举办蛋鸡饲养技术培训课近千场，粉丝数十万计。

张秀美

山东省农业科学院畜牧兽医研究所研究员。从事家禽疾病研究40年，主持完成多项国家、省部级重大科研项目。发表专业论文120余篇，主编养禽与禽病防治专著16部。

主编 董 云

编者 闫 刚 王 媛 石少明 齐敏杉

朱丽华 赵 秀 周 兰 李建明

姜亦林 董栋梁 徐 冰

主审 张秀美

目录

一、蛋鸡饲养管理

❶ 蛋鸡常见品种有哪些？

（1）白壳蛋鸡：主要是以白来航鸡为基础育成的。优点是体型小，耗料少，开产早，产蛋量高，饲料报酬高，效益好，适应性强，最适宜集约化笼养模式；缺点是蛋重小，蛋壳薄，抗应激性差，啄癖发生率高，死淘率较高。白壳蛋鸡代表品种是京白。

（2）褐壳蛋鸡：是由肉蛋兼用型鸡发展到蛋用型鸡的。优点是蛋重大，破损率低，鸡啄癖少，死亡率低，好管理；缺点是体重较大，耗料高，占笼面积大，耐热性差，鸡蛋中血斑、血点发生率高。褐壳蛋鸡代表品种是海蓝褐、罗曼褐、伊莎褐等。

（3）粉壳蛋鸡：是由白壳蛋鸡和褐壳蛋鸡杂交而来，粉壳蛋颜色介于褐壳蛋与白壳蛋之间。优点是杂交优势明显，产蛋多，蛋质量好，饲料报酬高；缺点是蛋重小，抗应激能力较差，导致产蛋性能不稳定。粉壳蛋鸡代表品种是海蓝灰、罗曼粉、京粉等。

❷ 如何选择优质雏鸡？

鸡苗质量是养鸡成功的关键要素之一，没有好的鸡苗就谈不上健康养殖。健康鸡苗的免疫力高，抗病力强，成活率高。

（1）品种选择：海蓝褐、罗曼褐等是国内外优秀的褐壳蛋鸡，罗曼粉、海蓝灰等是国内外优秀的粉壳蛋鸡。在通常情况下，采食量大的褐壳蛋鸡饲养管理比较容易。采食量小，对营养要求较高的小型鸡饲养难度较大。初养鸡者往往经验不足，最好选择容易饲养的褐壳蛋鸡。

（2）苗源选择：关注种鸡健康状况，了解种鸡场的疾病净化情况和老用户反馈的情况。最好引进32~45周龄种鸡的后代，往往比较优秀。重视种鸡场引种证明和种鸡的日常管理档案记录，可对种鸡健康有一个大致评价。

（3）鸡苗选择：

①外观正常，无畸形，无眼病，无瘸腿，喙正直、无弯曲，绒毛均匀丰盈且有光泽。喙和腿黄亮有光，无脱水现象。

②鸡苗眼睛明亮，有活力，手握挣扎有力，叫声响亮，健康好动。

③鸡苗平均体重在42克以上，一般养殖前期体重越大，养殖后期体重也越大。

④卵黄吸收好，脐带干净，无蛋壳粘连，无疔脐，无肿胀，无掉毛现象。

⑤腹部有弹性，肛门无白色、石灰样粪便粘附。

3 进鸡前要做好哪些准备工作？

（1）鸡舍消毒：

①清扫：把舍内鸡粪、污物、灰尘等彻底清扫出去。许多鸡病

是通过粪便来传播的，如鸡法氏囊病、禽流感等。

②冲刷：将设备和地面用水清洗，有条件的可以用高压水枪冲洗，效果会更好。

③消毒：地面和墙壁用 2% 火碱，然后用含碘的消毒药喷洒，碘制剂对病毒和细菌均有较强的杀灭作用。

④熏蒸：鸡舍要密闭，保持舍内一定的湿度和温度，有利于烟雾吸附，消毒效果更好。

（2）鸡舍升温与加湿：提前 3 天给鸡舍预温和加湿，保证进鸡前一天舍温达到 35℃以上，湿度达到 80% 以上。

（3）调整好水线，检查水线乳头，保证全部滴水。

（4）准备好饲料，放好开食盘、开食布。

（5）光照条件适宜。

（6）准备好所需的疫苗和药品。

4 怎样搞好 1~7 日龄雏鸡饲养管理？

（1）高温育雏是多数养殖场采用的方法，1~3 日龄雏鸡需要高温、高湿条件，舍温 35~38℃，湿度为 80%~85%。高温育雏能促进卵黄吸收，卵黄要在 7~10 天全部吸收完毕，否则，会影响鸡生长发育和产蛋。增加湿度是为了降低鸡呼吸道疾病的发生率，因为鸡舍湿度低会对鸡呼吸道造成损伤。4~6 日龄雏鸡鸡舍湿度保持在 60%~65%，7 日龄雏鸡鸡舍湿度为 55% 或以下。舍温每 3 天降 1℃，最后稳定在 23℃左右。

（2）养殖前 3 天需要强光 24 小时，以后每 3 天减少强光 1 小时，直至自然光照。

（3）保证鸡苗入舍 2 小时内能喝到水，雏鸡饮 18~21℃水比较适合，喝温水可以让鸡苗尽快适应环境，便于胃肠蠕动和胎粪排出。一般入舍前三天饮水中加入恩诺或头孢和电解多维，防治脐带炎、卵黄炎、白痢、伤寒、支原体病等。电解多维可缓解应激，提高抗病力。

（4）鸡苗先饮水 2 小时后再喂食，注意少喂勤添，以防饲料被污染，减少浪费。

5 育雏鸡超重怎么办？

如果全群鸡理想体重为超出标准 10%，饲料配方不需要调整。如果超出标准体重 10% 以上，则要考虑调整饲料配方或适当限饲。饲料中可以适当添加部分麸皮，也可以通过减少豆粕、添加玉米的方式进行微调整。注意要逐渐减少豆粕，千万不要让生长曲线忽高忽低，呈现锯齿状，否则，会影响养殖后期产蛋性能。另外，可通过递减光照时间控制饮食。

6 鸡断喙有哪些注意事项？

断喙是预防鸡啄癖的最有效措施，也可有效防止饲料浪费。第一次断喙在鸡 10 日龄前后，应激小；第二次断喙在鸡 10~12 周龄，这时喙已基本发育完全，断后基本不再生长，主要对前一次断喙不当的或喙过长的进行补断。

（1）断喙时要求鸡群健康状况良好，在鸡群发病或接种疫苗前后不宜断喙，以免雏鸡发病或死亡。

（2）不宜在炎热高温季节断喙，可造成鸡严重应激。

（3）在断喙前后各 2 天，在雏鸡饲料或饮水中加入维生素 K，以减少出血。

（4）断喙器的热刀要达到 815℃，呈暗樱桃色，断喙时止血快、效果好。用拇指按住雏鸡头的上部或侧面，食指轻压雏鸡咽部使其缩舌，可避免舌与热刀接触。

（5）断喙时热刀接触喙 3 秒钟，可使切面完全止血、角端圆滑。如果时间过短，不利止血；时间过长，不利雏鸡生长。

（6）鸡断喙后要提供饮水和增加饲料。

（7）在断喙后要进行检查，如有切面出血不止，立即用热刀烙切面进行止血。

7 育成鸡转群及管理需要注意哪些问题？

蛋鸡育成期主要是完成骨骼、体重、输卵管及卵巢发育，对于整个养殖过程至关重要。

（1）一般蛋鸡 50~60 日龄由育雏舍转入育成鸡舍。转群前控料空腹，抓鸡、放鸡动作不能粗暴。蛋鸡转群后 3~5 天，在饲料或饮水中添加抗应激药物，预防疾病。

（2）蛋鸡转群前要进行检查，把体重不达标或不健康的蛋鸡挑出来，采取相应处理措施。

（3）蛋鸡育成期间玉米添加量≥ 70%，麸皮≤ 3%~5%，保证体重按时达标。褐壳蛋鸡 105 天体重达到 1.25 千克，白壳蛋鸡达标体重减少 10%。

（4）105 日龄蛋鸡体重达标后，及时加光加钙，更换产蛋高峰料。加光 13 小时，每周增加 30 分钟直至 16 小时。加钙 2%~3%，每周增加 1%，当产蛋率达到 20%~30% 时加钙至 8%。更换产蛋料时要有过渡，避免应激。

8 鸡育成场管理有哪些注意事项？

（1）鸡育成场的规模大且标准，场区规划合理，各批鸡“全进全出”。合理配置供暖、通风、加湿、降温等设备，满足雏鸡生长要求。

（2）鸡苗质量有保证。鸡苗引种来源于同一个种鸡场，同一日龄，质量稳定，品种纯正。

（3）有详细养殖管理档案，如免疫、用药的详细记录，饲料、药品原料的供应记录，生物安全执行方案等。

（4）鸡群精神状况良好，呼吸、粪便无异常。鸡群体重和胫长达标，经称重测算，均匀度达到 80% 以上。

9 接青年鸡时有哪些注意事项？

（1）选择春季晴朗的中午进鸡。如果天气比较冷，要对鸡舍预温，以预防鸡群因冷应激而继发呼吸道病。

（2）关注鸡群密度和均匀度，体重比较轻的鸡尽量放在上层笼子，体重大的鸡放到下层笼子。因为在秋冬季节，鸡舍的热空气是向上走的，上层笼子的温度会高一些，鸡群长得快一些；下层鸡笼温度低、空气比较污浊，下层鸡比上层鸡生长就慢一些。

（3）光照：青年鸡入舍第 1 天要保证 24 小时光照，让鸡群尽快熟悉鸡舍环境；第 2 天恢复自然光照。全封闭鸡舍可以采取 8~10 小时光照时间，最多不要超过 12 小时。

（4）舍温：舍温保持在 18~25℃，有少部分鸡出现张口喘气，属正常情况。

（5）保健：春季天气比较冷时，给鸡群饮三四个小时的红糖 + 姜水，进行驱寒，快速补充能量；其他季节饮维生素 C 水，防止运输和装卸应激。

（6）营养：84 日龄前青年鸡要完成骨骼发育的 90%，要保证饲料营养，控制麸皮添加量不超过 4%。鸡 60~70 日龄适时添加鱼肝油钙粉。

（7）观察鸡群是否存在腹泻、过料便，患球虫病、腺肌胃炎、滑液囊支原体病等问题，及时治疗，接种各种疫苗。

⑩ 6 周龄蛋鸡体重如何达标?

蛋鸡 0~6 周龄阶段肌肉增长快，内脏及免疫器官发育逐步完善。蛋鸡 7~12 周龄阶段肌肉、骨骼生长迅速，胫骨发育完成，生殖系统开始发育。蛋鸡 13~18 周龄阶段脂肪增长速度较快，生殖系统趋于完善。我们应该知道，前期蛋鸡体重不达标，虽可通过 13~18 周龄调整完成，但脂肪增加较多，且多沉积在腹腔及泄殖腔周围，脱肛的比例会增加。原因是初产时蛋大，泄殖腔需要有较强的收缩力才会将蛋产出。如果脂肪多、肌肉少，蛋鸡用力产蛋就容易造成脱肛。

有些蛋鸡初产时看不到任何症状就死亡，可能就是因为产蛋时用力过大，导致心脏问题而死亡（初产综合征）。

断喙不好、炎热夏季或其他因素会影响蛋鸡 6 周龄体重不达标，要注意改善条件，延长雏鸡料的使用时间。6 周龄蛋鸡体重未达到 480 克（小型鸡体重减少 10%），以后再恢复代价是很高的，且不能完全恢复，应予以高度重视。

11 蛋鸡体重、胫骨长度和均匀度对开产后有何影响？

蛋鸡开产前的体重、胫骨长度、均匀度，是育雏期、育成期饲养管理的检测指标。

（1）开产蛋鸡体重不达标，会导致终身蛋重轻、蛋小。

（2）胫骨长度不达标，造成蛋鸡身高矮、耻骨窄，易脱肛、啄肛，终身死淘率高。

（3）均匀度不达标，鸡群上产蛋高峰慢，高峰期产蛋率低。

（4）胫骨长度测量方法：从跗关节顶部到脚爪部的垂直距离。

（5）称重方法：平均体重 = 称测鸡只体重的总重量 ÷ 所称鸡只数量。

（6）均匀度：指平均体重 ±10% 的鸡只数量，占所有称重鸡只总数量的比例。12 周龄鸡胫长达到 98~99 毫米；16 周龄鸡体重达到 1 450 克时，胫长为 102~104 毫米，80% 鸡体重在平均体重 ±10% 范围内，90% 鸡胫长在平均胫长 ±5% 范围内，说明鸡群均匀度好。

⑫ 蛋鸡晚开产有哪些原因?

在正常情况下，蛋鸡在115~120日龄开产，但有的鸡群推迟至130~140日龄开产。

（1）蛋鸡品种不同：不同品种蛋鸡的开产日龄和对营养的需求有差别。

（2）蛋鸡6周龄体重不达标，均匀度差。

（3）育成期鸡群发生腺肌胃炎等肠道疾病，增重慢，骨骼发育不完全。

（4）光照强度小，高峰产蛋料更换晚。在正常情况下，105日龄蛋鸡体重达标就及时加光，更换高峰产蛋料。

（5）舍温低。蛋鸡生长发育和产蛋的理想舍温为18~25℃，舍温低于18℃鸡采食量增加，用于维持体温；舍温低于13℃就会影响鸡的生长发育和产蛋。

（6）育成后期过分控料限制体重大的蛋鸡，也会造成推迟开产。

⑬ 给蛋鸡加钙、补光、换产蛋料的最佳时间?

（1）105~120日龄是鸡体为产蛋贮备钙、磷的时期。一般褐壳蛋鸡在105日龄体重达到1.25千克时就要开始加钙，贝壳粉或石粉的添加量为3%，以后每周增加约1%。在产蛋率达到20%时，石粉的添加量达到8%。如果钙加晚了，就会产出软皮蛋。

（2）105日龄蛋鸡体重达标开始加光，从13.5个小时开始加光，每周增加半小时，直至16~16.5小时恒定。

（3）蛋鸡105日龄就可以换成高峰产蛋料，用1周过渡。若体重不达标，则要适当推迟换料时间。

14 鸡群无产蛋高峰期的原因与解决方案是什么？

（1）育雏期、育成期蛋鸡体重与均匀度不达标，骨架发育不良。

（2）120 日龄蛋鸡开产体重不达标，或 120~160 日龄体重增加太慢，高峰期体重不达标，腹脂沉积不足。

（3）更换高峰产蛋料过晚（正常 105 日龄更换高峰产蛋料，加光至 13.5 小时，加 3% 石粉，112 日龄加 4% 石粉，119 日龄加 5% 石粉，产蛋率 10% 以上加 8% 石粉）。

（4）营养因素。如饲料营养成分不足或失衡，代谢能水平低于 11.76 千焦，饲料霉菌毒素污染严重。

（5）疾病因素。鸡群感染传染性支气管炎、低致病性禽流感等，对生殖系统造成损伤，患肠道疾病引起营养吸收不良等。

解决方案：

第一，提高饲料的代谢能水平至 11.76 千焦以上，可以加植物油。

第二，饲料中添加脱霉剂。饲料霉变是造成鸡群产蛋率低、无高峰期的重要原因。

第三，及时接种疫苗，保障鸡群健康。

第四，微生态制剂拌料，调整鸡肠道菌群平衡，提高饲料转化率；电解多维饮水，增强鸡群抗病力；中药拌料，促进卵泡发育。

15 保持蛋鸡高产有哪些措施?

（1）供给充足的蛋白质。高产蛋鸡对蛋白质的需求量大。当产蛋率达90%时，喂给含19%蛋白质的日粮，才能满足蛋鸡的营养需要。

在蛋鸡产蛋率上升期，要提前1周喂给蛋白质含量较高的日粮，促使产蛋高峰期迅速到来。产蛋率开始下降时，要推迟1周再降低日粮蛋白质水平，使产蛋率下降速度减缓，延长产蛋期。

（2）补足钙。钙是蛋壳形成的必要物质，在产蛋高峰期间，蛋鸡对钙的需求量会逐渐增加，日粮中钙的含量要由3%增加到3.5%~4%。

（3）补充青绿饲料。青绿饲料营养丰富，能增强蛋鸡的生殖机能，提高产蛋率，可适量补充。

（4）保证光照。产蛋高峰期间，以每日光照16小时为宜，减少光照时间会引起产蛋率下降。

（5）减少应激。在产蛋高峰期间，尽量避免因天气、饲料、疾病、接种等造成的应激。

（6）加强管理。确保充足清洁的饮水、环境卫生、舒适的舍温，预防疫病。

16 产蛋后期破蛋率高是什么原因?

（1）与蛋鸡品种有关。蛋壳强度受遗传因素影响，蛋鸡品种间会有差异，一般白壳蛋比褐壳蛋破损率高，产蛋率高比产量率低的破损率高，大蛋比小蛋破损率高。

（2）与营养有关。饲料中缺乏合成蛋壳的营养物质，必然导致蛋壳质量下降，主要的营养元素包括钙、磷、锰及维生素D等。

（3）与蛋鸡周龄有关。蛋鸡开产以后，随着周龄增大，蛋壳厚度和强度会略有降低，破损率升高。

（4）与蛋鸡产蛋姿态有关。笼养蛋鸡站立的比俯卧或蹲得较低的，蛋破损率要高。

（5）与产蛋时间有关。因夜间没有光照，上午所产蛋的蛋壳较薄，比下午产蛋的破损率要高一些。

（6）与蛋鸡健康状况有关。多种疾病对蛋壳质量都有影响，如传染性支气管炎、新城疫、低致病性流感、长期腹泻等都会引起蛋鸡钙、磷吸收不良，增加蛋的破损率。

（7）与管理有关。如捡蛋不及时，人员在捡蛋、放蛋、搬蛋箱、过秤时动作粗放及免疫应激，都会使蛋的破损率升高。

17 鸡群受凉是怎么回事，冷应激对鸡群有什么影响？

受凉是鸡群发病的主要原因之一，可以出现在养鸡的很多环节中。

（1）鸡羽毛潮湿。育雏期间水线过低、水压过大，因雏鸡碰触而乳头漏水；增加湿度时雾滴过大或者喷雾时间较长等，导致鸡羽毛潮湿。

（2）加湿方式不当。鸡生长早期只注意加湿，地面水汽蒸发产生的凉气，使雏鸡腹部受凉。

（3）鸡舍密封不严。侧窗、出粪口、水帘、排风扇口等处，有“贼风”直吹鸡体。

（4）舍温控制不合理。在冬春季节，早上过早通风，人为快速降温，都会使鸡群受凉。

（5）夜晚值班人员懒惰、睡觉，造成炉火不旺或炉子熄灭，舍温下降，使鸡群受凉。

（6）天气突变。外界气温突然下降，鸡舍通风调整不及时，舍温下降会造成鸡只受凉。

冷应激通常是指家禽对突然温度下降刺激或是长期处于低温时所产生的一系列生理或病理反应。冷应激分为急性和慢性两种。急性冷应激主要发生于气温骤降的寒冷冬季，慢性冷应激主要是夏季湿帘使用不当造成。当舍温低于 22℃时，每下降 1℃，鸡采食量增加 1.3~1.5 克，所以冷应激不只会增加鸡群采食量，还会造成鸡群受凉感冒而继发呼吸道疾病。应激是百病之源，感冒的背后“黑手”就是冷应激，所以冬季一定要做好鸡群防寒保暖工作。

18 秋冬季鸡舍通风要注意什么问题？

秋冬季通风是鸡舍环境控制的难点。入秋后，天气逐渐转凉，鸡舍开始由纵向通风向过渡通风转变，需要根据外界温度的变化及时调整目标温度和通风量。冬季气温降至最低，开始进入最小通风量阶段，需要协调好冬季鸡舍保温和通风的矛盾。

（1）秋季昼夜温度变化比较大，应根据外界温度的变化随时转换通风模式，采用混合通风模式。当舍温低于目标温度时，关闭水帘处进风口和远端排风扇，打开侧墙进风口和鸡舍侧面的排风扇，采用横向通风方式。当上升到一定温度时，关闭侧墙进风口和侧墙风扇，打开水帘处的进风口和远端排风扇，采用纵向通风方式。

（2）冬季采用最小通风量。最小的通风量，是根据鸡群数量和体重计算确定。冬季传送带清粪蛋鸡舍内建议二氧化碳浓度控制在 5 000 毫升 / 米 ^{3}；连续通风最小通风量为 0.4~0.5 米 ^{3}/ 时 · 千克。

（3）根据鸡舍长度决定开停风机的间隔时间。采用开 2 分钟、停 3 分钟，或开 4 分钟、停 5 分钟方式，达到适宜的通风量和舍温，保证鸡群正常生长。

（4）根据气候变化，随时调整小窗开合度。

19 夏季高温蛋鸡饲养要注意哪些问题?

（1）降低舍温：在高温高湿天气时增加通风量，利用风冷效应降温。密闭式鸡舍采用纵向通风方式，即在鸡舍前门设置进风口，后门设置排风口，根据舍内空间均匀地设置一定数量的大功率排风扇。通风时将两侧窗户关闭，防止热空气进入，增强对流散热效果，加快浑浊空气排出和室外新鲜空气快速流入。当风速为 0.5~1 米 / 秒时，环境温度下降 2~3℃。开放式鸡舍应打开所有门窗，促进空气流通。

在高温干燥天气，通过水帘和水雾蒸发降温。在进风口处设置水帘，使外界热空气经过水帘冷却后再进入鸡舍，从而达到降温效果。鸡舍的另一端装有风机（排气扇），使用水帘时，在温度升高之前（28℃以上时）打开，降温后关闭，可使舍温降低3~8℃。

（2）提高饲料营养含量。夏季炎热，鸡群食欲差，采食量减少，这就需要使用较高营养水平的日粮，予以补偿。适当减少谷物类如玉米的用量。适量提高饲料的能量水平（或添加1%植物油），将有助于增加鸡只的体重，从而维持鸡群生产水平的稳定。

饲料中定期添加维生素，特别要提高维生素C（0.02%~0.04%）和维生素AD粉的用量，可起到缓解热应激，提高采食量和加快生长速度的作用。但当环境温度超过34℃时，维生素C就失去作用。

（3）改善饲喂方法，增加鸡只采食量。一般饲料库存不得超过3天的量，要确保良好的饲料贮备环境（如料塔或放料间防雨防潮），防止饲料发霉变质。每次喂料前认真检查饲料质量，每次喂料后1~2小时要匀料。每天要让鸡吃净料槽，防止饲料在料槽中堆积，影响鸡只采食。

高温季节鸡只白天采食量较少，而早晚凉爽时采食量相对较多，因此，采取早晚多喂料法。

①早上提前多喂料。把第一次喂料时间提前到早上6:00，也可开始光照时就喂料。由于鸡只从睡觉中醒来比较兴奋，前一天吃的饲料也已消耗，饥饿感较强，再加上早上舍温较凉爽，可增加鸡只采食量。

②下午停止喂料，熄灯前喂足饲料。为了减少热应激，在每天舍温最高的13:00~15:00停止喂料，以减少鸡只的采食活动。蛋鸡一天的采食量分配，上午为日采食总量的1/3，下午为日采食总量

的 2/3，熄灯前要多喂料，这样才能满足鸡只采食的需要。

③一般 23:00~24:00 增加饲喂 1 次，可以弥补白天采食不足造成的影响。

（4）把握免疫时机，减少免疫和高温的双重应激。在夏季尽量选择清晨、上午或气温低时免疫，避免在鸡只热应激时免疫。饮水免疫时停水时间不宜过长，一般为 2~3 小时；注射、刺种、点眼免疫时，避开上午和下午高温时段。如舍温超过 35℃，应推迟免疫时间。

（5）保证鸡舍环境和饮水卫生。夏季鸡粪较稀、湿度大，易发酵而产生氨、硫化氢等有害气体，诱发呼吸道疾病，因此，最好一天 1 次清理舍内粪便和垫料，保持舍内清洁、干燥、卫生。

定期水线消毒。夏季水线易滋生细菌，发生细菌性疾病，尤其是消化道疾病，因此，对水线每周要消毒 1 次。饮水给药时随配随饮，饮完后将水线冲洗干净。

20 蛋鸡喂食过程中净槽有无必要？

净槽是指在蛋鸡喂食过程中，每天让鸡群将槽中的饲料吃干净，然后再进行下一次喂料。净槽不是没有必要，而是好处多多。

（1）保证鸡群摄入全面的营养。一般蛋鸡养殖使用自配料，鸡群往往先挑食较大的颗粒，粉状料则留在槽底。若鸡长期不采食粉状料，会造成营养成分不均衡。

（2）保持鸡群食欲良好。在鸡群将槽内饲料吃净后，再加入新饲料，可提高蛋鸡的食欲，加快采食速度。

（3）有利于保留饲料的营养成分。饲料在料槽中存放时间过长，维生素等营养成分会流失，所以要净槽。

（4）夏季净槽可防止饲料发生霉变。饲料若长时间积存于槽底，会受潮结块发生霉变，蛋鸡采食后会影响健康。

（5）减轻蛋鸡胃肠道负担。净槽给蛋鸡一个食物排空的过程，使嗉囊内的食物下行，避免出现积食，诱发嗉囊炎症和腺肌胃炎。

21 淘汰蛋鸡如何快速增肥?

淘汰蛋鸡体重直接影响到养殖效益，所以在淘汰前要全群鸡增肥。一般蛋鸡是在 560 天淘汰，具体还要看鸡群整体的产蛋率和健康情况。

（1）将玉米添加量提高到 65%~70%，或者额外添加 0.5%~1% 的油脂。一般增加玉米量 30 天。

（2）添加增肥中药和电解多维，一般投喂 20 天以上。切记一定不能使用违规药物。

22 蛋鸡养殖如何降本增效?

饲料成本占蛋鸡养殖总成本的 70%~80%，目前饲料原料价格在高位运行，尤其是豆粕、玉米。如何降低成本，提高生产效益，是蛋鸡养殖者非常关注的问题。

（1）防控疫病，确保鸡群健康。疫病是蛋鸡养殖成本的最大“杀手”，蛋鸡如果发生疫病生产性能就会下降，生产成本直线上升，同时会增加大量的药物成本。首先要防控禽流感、新城疫和传染性支气管炎等烈性传染病，采取免疫和生物安全措施，也要预防肠道、肝脏、输卵管疾病。

（2）合理配置饲料的营养水平，精准饲养。目前市场上蛋鸡饲料的营养水平差异比较大，有的饲料企业过度降低饲料营养水平，会使养鸡场耗料增加，饲养成本反而增加。有的饲料企业为了抢占市场，保证饲料品质，过度提高饲料营养水平，养殖成本增加。

（3）非常规饲料原料的选择和应用。首先要考虑就近原则，充分利用当地饲料原料资源，其次要充分考虑抗营养因子和毒素等含量。在饲料加工过程中合理使用添加剂，降低饲料中抗营养因子或霉菌毒素等含量。再就是要充分考虑饲料配方合理，如在蛋鸡开产前，可以过渡性适当增加非常规饲料的使用量。

（4）充分利用饲料行业的新技术、新产品。如使用饲料发酵技术，酶制剂、胆汁酸等添加剂的应用，可以大大减少抗营养因子的不良影响，提高饲料中营养成分的利用率。例如，胆汁酸可以提高饲料能量和蛋白质的利用率。

（5）加强饲养管理。蛋鸡摄入的营养除维持正常产蛋外，还要满足自身维持代谢的需要。维持代谢主要与环境温度和体重相关，所以要加强管控蛋鸡体重和舍温，及时淘汰病弱低产鸡。

蛋鸡养殖是一个投入大、风险大、回报率低的行业，只有降低饲养成本，不断获取最大效益，才能保持可持续良性发展。

二、蛋鸡营养与保健

❶ 蛋鸡生长需要哪些营养？

（1）能量：包括维持能量和产蛋能量需要。维持能量需要受母鸡体重、活动量、环境温度等因素影响。产蛋能量需要受蛋重和产蛋率影响。一般产蛋鸡对能量需要的2/3用于维持，1/3用于产蛋。产蛋鸡每天从饲料中摄取的能量，先满足维持需要，再用于产蛋。

（2）蛋白质：分为植物性蛋白质和动物性蛋白质。植物性蛋白质饲料主要有菜籽饼、芝麻饼、大豆饼、花生饼、棉籽饼等。动物性蛋白质饲料主要有血粉、羽毛粉、蚕蛹粉、鱼粉、肉骨粉等。

产蛋鸡对蛋白质的需要包括数量和质量两个方面。蛋白质数量需要由母鸡体重、产蛋率高低及蛋重等决定。在保证蛋白质数量的前提下，还应注意蛋白质的质量，也就是必需氨基酸的种类和数量。因此，在配制产蛋鸡日粮时，除了计算粗蛋白水平是否达到标准外，还必须计算甲硫（蛋）氨酸、赖氨酸、胱氨酸等十多种必需氨基酸的数量。

（3）矿物质：矿物质需要量大的称为常量元素，通常以占日粮的百分比计算；矿物质需要量小的称为微量元素，常以毫克／千克饲料计算。常量元素包括钙、镁、钾、钠、磷、氯、硫。微量元素主要是铁、铜、钴、锰、锌、碘、硒等。钙是鸡骨骼和蛋壳的主要成分，对产蛋鸡至关重要。当日粮中短期缺钙，产蛋鸡会动用储存的钙形成蛋壳，维持正常生产；当长期钙不足时，产蛋鸡体储存的钙满足不了需要，则产软壳蛋，甚至停产。此外，磷、食盐、锌、铁、铜等也是蛋鸡不可缺少的营养成分，均应按标准补充。

（4）维生素：蛋鸡饲料中不能缺少维生素，脂溶性维生素包括维生素 A、维生素 D、维生素 E、维生素 K。水溶性维生素包括维生素 B_1、维生素 B_2、泛酸、烟酸、维生素 B_6、生物素、叶酸、维生素 B_{12} 和胆碱等。其中，饲料中容易缺乏的主要是维生素 A、维生素 D、维生素 B_1、维生素 B_{12} 等。

（5）水：鸡体新陈代谢和各种生物化学反应都需要水的参与，体内废物的排除也需要水来运输。水还有调节体温，调节渗透压，保持细胞正常状态的作用。

2 购买豆粕、玉米时要注意什么问题？

（1）豆粕：豆粕主要作为蛋白饲料，为蛋鸡的生长发育提供所需的蛋白质。豆粕的干物质含量为 89%，粗蛋白含量为 43%~47%，粗纤维含量为 1.5%~2%，氨基酸组成最平衡，蛋白质吸收率高。

颜色：豆粕为浅黄色至浅褐色，颜色过深表示加热过度，太浅则表示加热不足。整批豆粕色泽应基本一致。

味道：豆粕具有烤大豆香味，没有酸败、发霉、焦化等异味，也没有生豆腥味。

质地：豆粕均匀、流动性好，呈不规则碎片状、粉状或粒状，不含过量杂质。

（2）玉米：色泽金黄，籽粒饱满均匀，无霉变、酸味和杀虫剂气味。

水分是影响玉米品质最大的因素。配方中玉米的水分是14%，水分增加会导致饲料能量不足，稀释蛋白质和氨基酸的浓度，同时蛋鸡采食量减少，进而降低蛋鸡的生产性能。

破粒是指受损但尚有饲用价值的玉米粒，包括虫蚀粒、病斑粒、破损粒、生芽粒、生霉粒、热损伤粒等。东北玉米的初始水分高，烘干和机械操作时易造成破损粒和热损伤粒增多，但杂质较少。自然晾干的玉米破损粒少，但杂质较多。

3 使用新玉米饲喂蛋鸡，为什么出现腹泻、产蛋率下降？

一般玉米分为新玉米和陈玉米，喂鸡最好用陈玉米，新玉米是不能直接喂的，因为玉米需要二次成熟。如果给鸡群饲喂未经二次成熟的新玉米，就可能会出现肠道问题。因为新玉米含有一种不易吸收的大分子多糖，蛋鸡吃了就容易产生消化不良和腹泻，时间长了还会导致营养缺乏和产蛋率下降。所以，新玉米至少要放置1个月，才能基本完成二次成熟。在饲料中还要添加一些微生态制剂，以调节鸡群肠道菌群，提高蛋鸡对饲料营养的吸收能力。

霉菌毒素是鸡的百病之源，而陈玉米往往含有霉菌毒素。所以，要使用质量有保证的陈玉米，或添加有效的脱霉剂。

④ 蛋鸡腹泻有哪些原因?

蛋鸡腹泻分为生理性腹泻和病理性腹泻。

（1）生理性腹泻：蛋鸡育成期饲料麸皮添加量大，如果超过5%，鸡群一开产就容易腹泻；加钙加得太晚、太快，也会造成腹泻；使用没有二次成熟的新玉米；夏季炎热饮水过多等。一般生理性腹泻不需要药物治疗，纠正管理失误即可改善。

（2）病理性腹泻：鸡群感染了病毒或细菌而引发腹泻。大多数细菌和病毒、霉菌毒素都可引起病理性腹泻，造成肠道菌群失调，影响营养的消化吸收，影响产蛋率和蛋壳质量。病理性腹泻一定要用针对性药物治疗，才能得以控制。

⑤ 为什么饲养蛋鸡选择 5% 预混料?

蛋鸡预混料有 2%、3%、5% 等，而 5% 占多数。5% 蛋鸡预混料，只需要按照厂家给出的配料表，再加上玉米、豆粕等就可使用了，简便快捷，效果也不错。如果选择 3% 以下预混料，需要额外添加微量元素、磷酸氢钙等，才可以达到理想的饲喂效果。若添加的原料质量把控不好、混合不均匀，蛋鸡会出现瘫痪、断翅、蛋壳质量下降等矿物质和微量元素缺乏症。

⑥ 鸡群产蛋无高峰期是什么原因?

（1）管理因素：

①饲养密度太大。饲养者片面追求饲养规模，育雏鸡、育成鸡

的饲养密度普遍偏高，直接影响育雏鸡、育成鸡的质量。

②通风不良。育雏鸡早期为了保暖，门窗密封严，舍内空气极为污浊，严重影响雏鸡生长发育，质量难以达标。

③蛋鸡开产前体成熟与性成熟不同步。见蛋日龄偏早，产蛋率曲线爬升时间很长，表现为产蛋高峰上不去，高峰持续时间短，蛋重轻，死淘率高。见蛋日龄偏迟，耗料量增加，料蛋比高。

④产蛋阶段光照不稳定或强度不够。实践证明，每天有 14~15 小时光照就能满足蛋鸡产蛋高峰期的需求。补光时一定要按时开关灯，否则，就会扰乱蛋鸡对光的条件反射。电灯安装高度为 1.8~2 米，灯间距离相等。若采用 40 瓦灯泡，补光时间宜逐渐延长，在进入产蛋高峰期时光照强度要适宜。

（2）饲料因素：目前市场上销售的饲料，由于生产地区、单位和批次不同，质量也参差不齐，存在掺杂或有效成分含量不足的问题。用同一种料，饲养不同品种、不同羽色、不同体型的蛋鸡，难以适应鸡群对代谢能、粗蛋白、氨基酸、钙、磷的需求。大多数饲料代谢能偏低，粗蛋白水平相对不低，但杂粕比例偏高，饲料的利用率就会降低。我们往往不注意这一点，不从总耗料量、鸡体增重、死淘率、产蛋率、料蛋比、淘汰鸡体重等诸方面算总账，而是片面地只看饲料价格。

（3）疾病因素：蛋鸡早期发病易造成生殖系统永久性损害（如传染性支气管炎），难以达到产蛋高峰。蛋鸡见蛋至产蛋高峰上升期相当关键，易发生大肠杆菌病、慢性呼吸道病、卵黄性腹膜炎、生殖系统炎症，而使产蛋率上升缓慢，甚至下降。

及时挑出不产蛋的鸡只，提高饲料的代谢能和粗蛋白水平，防止饲料霉菌毒素污染，饲料中添加电解多维等，有助于提高产蛋率。

7 如何计算蛋鸡的采食量？

10日龄前蛋鸡每天采食量 = 日龄数 +2（克）；11~20日龄蛋鸡每天采食量 = 日龄数 +1（克）；21~50日龄蛋鸡每天采食量 = 日龄数（克）；51~150日龄蛋鸡每天采食量 =［50+（日龄数 −50）］÷ 2（克）。150日龄后蛋鸡每天采食量为125克饲料。150日龄前蛋鸡总共采食8.8千克饲料，550日龄内蛋鸡总共采食36.5千克饲料。

8 蛋鸡采食量下降是什么原因，有何解决方案？

（1）环境因素：鸡舍平均温度为13~23℃，随着温度降低，蛋鸡需要的能量增多，采食量升高；反之，则采食量下降。在高温环境下，蛋鸡首先表现出采食量下降，而饮水量增加。冬季天气变冷，鸡只自身有调节进食的能力，为维持体温而增加采食量。在实际生产中，标准化保温鸡舍蛋鸡日均采食量，均显著低于开放或半开放鸡舍。

蛋鸡的能量需要和饲料的能量浓度，对采食量起着决定性作用。除饲料的能量水平外，还有饲料营养均衡性、饲料原料的质量和添加比例、品种、鸡体重、产蛋率、饮水量、鸡舍环境、管理水平等影响因素。

（2）疾病因素：雏鸡和育成鸡患腺肌胃炎、霉菌毒素中毒、滑液囊支原体病、鼻炎等，都会造成精神沉郁、采食量低、生长缓慢。若鸡群感染新城疫、禽流感等烈性传染病，会造成采食量急剧下降或食欲废绝。

改善环境条件，减少冷热应激。病鸡紧急接种疫苗和药物治疗，降解霉菌毒素，同时配合消炎和提高机体免疫力，可逐步改善鸡群的健康状况。

（3）饲料因素：饲料储存太久而发霉变质，添加了劣质鱼粉和肉骨粉、劣质植物油和动物油等，都会影响蛋鸡采食量。

9 蛋鸡育成期腹部脂肪沉积有利于高产吗？

腹部脂肪沉积是蛋鸡育成期管理中的一个重要环节。蛋鸡高产，育成期要达到体重大、骨架大、耻骨宽、胫骨长、腹部脂肪沉积多的目标。蛋鸡 105 日龄后加光、加钙、加营养，更换高峰期饲料，鸡群就会适时开产，产蛋率提高非常快，产蛋高峰期维持时间长。蛋鸡育成期饲料非常关键，玉米添加量不低于 70%，麸皮不超过 3%，这样有利于体重达标和腹部脂肪沉积。105 日龄蛋鸡理想体重是 1.25 千克以上，开产时体重达到 1.5 千克以上。

10 怎样鉴别优劣鱼粉？

（1）优质鱼粉：为粉红色、红棕色或黄棕色，色泽、细度均匀。鱼粉中有许多松散的鱼肌纤维，少量的鱼刺、鱼鳞；具有淡淡的鱼腥味，没有其他异味；手捻质地柔软松散，无砂粒感。

（2）劣质鱼粉：为浅黄色、青白色或黑褐色，细度和均匀度差，手感粗糙。掺假鱼粉为黄白色或红黄色；如与风化的土鱼混合，是粉红色略带黄色。劣质鱼粉有淡腥、油脂或氨味。掺入棉仁粕和菜籽粕的鱼粉，有特殊味道。鱼粉中掺入尿素，有轻微的氨味。如果鱼粉潮湿且蛋白质变性，通常呈白色或灰色，无光泽，而且腥味比较大，气味刺鼻。

11 如何区别石粉和贝壳粉?

（1）石粉是天然碳酸钙，含钙量为35%~39%，白石粉和青石粉为常用的钙源。石粉是最廉价、最方便、最常用的矿物质钙源，但消化利用率低，用量大了容易加重肾脏负担和尿酸盐沉积，甚至引发痛风。

（2）贝壳粉是贝壳烘干后制成的粉状或粒状产品，含钙量为33%~38%，沿海地区常用。贝壳粉利用率高，可改善蛋壳强度，减少破蛋和软蛋。但贝壳粉易发霉腐败，可能存在肉毒菌素污染，引发肠道疾病。

（3）育雏期选用细石粉，全过40目筛，80目筛上物≥30%；产蛋期推荐用粒石粉，全过6目筛，8目筛下物≥80%，12目筛上物≥70%。贝壳粉颗粒，以70%以上通过孔径10毫米筛为宜。

产蛋鸡配合饲料中，石粉使用量为8%（石粉：贝壳粉为2：1），钙磷比例4：1，能明显改善蛋壳质量。

12 影响蛋壳颜色的营养因素有哪些?

蛋壳颜色变白常发生在夏季，冬季很少发生。营养因素导致蛋壳颜色变浅，不仅是因为配方营养含量不够，而且还有蛋鸡采食量多少的原因。冬季蛋鸡可以通过调整采食量来满足其营养需求，但夏季这种调节机制就不可能发挥作用，出现蛋鸡每天采食的营养不能满足需要的情况。

（1）钙：饲料中缺乏钙，蛋壳质量会变差。钙添加过多，会导致蛋壳和壳上膜的钙沉积过多，蛋壳颜色变浅。

（2）磷：饲料中磷过多，破蛋率增加；磷过少，产蛋率下降。

（3）锰：锰与黏多糖的形成有关，饲料中锰缺乏，蛋壳变薄易碎。

（4）维生素 D_3、维生素 A、维生素 E 含量和日粮供应量不足，可造成蛋壳颜色变浅。夏季给予蛋鸡适量电解多维，有助于减少浅色蛋。

13 造成蛋鸡啄癖的营养因素有哪些？

蛋鸡常见的啄癖有啄羽、啄肛、啄蛋等，育雏鸡、育成鸡和产蛋鸡都有发生。育雏鸡和育成鸡群啄羽发生较多，特别是密集饲养或笼养条件下更易发生，严重影响鸡群生长发育。啄肛、啄蛋常见于产蛋期，有的蛋鸡由于体型小、产大蛋或有输卵管炎症，产蛋时强力努责后输卵管脱出。当蛋鸡只看到红色或流血时，就会追逐啄肛。啄蛋多发产生在产蛋高峰期，由于缺钙和蛋白质不足，蛋鸡只食自己的蛋补充营养。

（1）蛋白质不足或饲料中氨基酸不平衡，蛋鸡发生啄癖。

（2）矿物质缺乏。日粮中常量元素（钙、磷、氯、钠等）或微量元素（铁、铜、锌、锰、硒、碘、硫等）缺乏或比例失调，导致机体新陈代谢紊乱。食盐缺乏也是蛋鸡啄羽、啄肛、啄蛋的主要原因。

（3）粗纤维缺乏。对于杂食性蛋鸡，粗纤维过多会导致消化不良而腹泻，严重时消化道阻塞；粗纤维过少，肠道蠕动不充分，胃肠道空虚产生饥饿感，引起啄羽、啄肛等恶癖。

（4）维生素缺乏。维生素 A、维生素 B_1、维生素 B_3、维生素 B_{12} 等缺乏，常会造成蛋鸡啄趾。

14 蛋鸡掉毛是什么原因？

（1）饲料中的蛋白质水平低，优质蛋白质不足，氨基酸不平衡。羽毛主要成分是胱氨酸，而胱氨酸是由蛋氨酸转化而来的。蛋氨酸主要是来自蛋白质原料，特别是鱼粉。

（2）肠道疾病如球虫、肠炎、大肠杆菌和肠道菌群失调等，使得饲料转化率下降，蛋白质水平相对不足。

（3）霉菌毒素中的玉米赤霉烯酮，引起蛋鸡体内雌性激素分泌减少，老龄鸡体内雌性激素也会分泌减少，导致掉毛。

（4）不同品种蛋鸡，采用同样的饲料喂养，后期掉毛的程度会不一样。

另外，皮炎和体外寄生虫、啄癖等也会造成蛋鸡掉毛。

15 蛋鸡缺乏维生素有哪些表现症状？

（1）维生素 A 缺乏，破坏了食管、气管黏膜的完整性；病鸡常流泪和眼睑粘连，导致夜盲症、干眼症、痛风。

（2）维生素 D_3 缺乏，会影响钙磷吸收，导致脚软、喙软、啄癖。

（3）烟酸、生物素、泛酸缺乏，造成蛋鸡趾间和脚底干裂出血。

（4）维生素 E 缺乏，导致鸡群白肌病。

（5）维生素 B_1 缺乏，鸡群角弓反张，呈观星姿势。

（6）维生素 B_2 缺乏，鸡爪蜷缩，不能站立。

（7）胆碱缺乏，导致蛋鸡肥胖，肝脏脂肪沉积，易破裂。

16 蛋鸡缺乏氨基酸有哪些表现症状?

蛋白质主要由氨基酸组成，是禽类生长所需要的三大营养物质之一。一般生长较快的雏鸡和处于产蛋高峰期的母鸡易患蛋白质缺乏症。雏鸡发育迟缓，体质下降，抗病能力差。血液的胶体渗透压降低，皮下水肿。血液中的血细胞总数下降，血红蛋白含量也降低，可见鸡冠苍白等症状。产蛋母鸡主要表现为产蛋率下降，甚至停产；公鸡精子活力差，种蛋的受精率和孵化率都降低。

蛋鸡患营养缺乏症常常是因为日粮中蛋白质含量不足或品质差，或缺少必需氨基酸。蛋氨酸是蛋鸡的第一限制性氨基酸，主要功能是参与蛋白质合成。如果蛋氨酸缺乏就会导致体内蛋白质合成受阻，引起羽毛蓬乱、脱毛、蛋重减小、产蛋率低等。所以，在调配日粮时，既要注重蛋白质饲料的数量，又要注重蛋白质饲料的质量和种类。饲料中动物性蛋白（如鱼粉、血粉等）和植物性蛋白（如豆饼、棉仁饼和菜籽饼等）的比例应适当。

17 蛋鸡钙磷缺乏有什么影响，什么时间加钙最好?

饲料中磷含量不足时，青年鸡骨骼发育迟缓、瘫痪，产蛋鸡蛋品质下降，蛋壳薄、脆，破蛋多等。

42~84 日龄是蛋鸡骨骼发育的黄金时期，建议添加鱼肝油、钙粉，促进骨骼（胫骨）发育。105 日龄蛋鸡体重达标后添加石粉，补充钙磷。添加石粉量从 3% 开始，每 5~7 天增加 1%，至 8% 为止。

18 在蛋鸡养殖中鱼肝油起到什么作用？

鱼肝油主要成分是维生素 A、维生素 D、维生素 E，可促进钙磷吸收。在育成期使用鱼肝油，可以促进蛋鸡骨骼的发育。在产蛋期使用鱼肝油，可以改善蛋壳品质。鱼肝油还有一个重要作用就是修复黏膜。蛋鸡育雏期状态不好、站不稳、腹泻等，就可以用鱼肝油来补充营养。鸡群发生呼吸道、肠道炎症的时候，可以添加鱼肝油来修复呼吸道、肠道黏膜。当蛋壳质量不好时，需要添加鱼肝油来改善蛋壳品质。

（1）42~84 日龄是蛋鸡骨骼发育的关键期，需要添加鱼肝油来提高钙磷吸收率，促进骨骼发育。鸡骨架长得好、体重达标及时，后期产蛋就不容易出现脱肛或者产软壳蛋。

（2）105~120 日龄是蛋鸡卵巢、输卵管发育的关键期，使用鱼肝油可以降低开产的应激反应，避免发生新母鸡病。

（3）400 日龄产蛋后期的老鸡，消化系统、生殖系统都开始逐渐衰退，对营养的吸收能力下降，就容易导致蛋壳品质不好，甚至瘫痪。在饲料中添加石粉和鱼肝油，可改善蛋壳质量。

19 如何预防鸡脂肪肝病？

鸡脂肪肝病是肝细胞中沉积大量脂肪，鸡体肥胖，产蛋减少，个别病鸡因肝功能障碍或肝破裂而死亡。

（1）饲粮中玉米及其他谷物比例过大，碳水化合物过多，而蛋白质尤其是富含蛋氨酸的动物性蛋白质及胆碱、粗纤维等相对不足，造成能量过剩，产生的部分脂肪在肝细胞中蓄积。

（2）在鸡群营养良好、处于产蛋高峰时，突然由于光照不足、饮水不足及其他应激因素，产蛋率较大幅度下降，于是营养过剩，转化为脂肪蓄积。

（3）鸡体营养良好，但运动不足，导致过于肥胖，肝细胞内蓄积脂肪。笼养鸡缺乏运动，发生本病的较多。

（4）饲料发霉，含有大量的黄曲霉毒素，引起肝脏脂肪变性而发病。

对发病鸡群要饲喂低能量日粮，适当降低玉米含量，增加优质鱼粉，提高胆碱、蛋氨酸、维生素 E、生物素、维生素 B_{12} 等成分的含量。一般根据正常采食量限饲 8%~10%，产蛋高峰前限饲量要小，产蛋高峰过后限饲量可大些。饲料配方中添加一定量的麸皮和苜蓿粉，选用无霉菌污染的原料，可有效预防脂肪肝病。

20 蛋鸡瘫痪与饲料有什么关系？

（1）如果钙磷的比例不合理，就会影响鸡骨骼发育，甚至瘫痪。产蛋鸡会出现蛋壳质量下降，甚至瘫痪。一般生长鸡日粮的钙磷比例为 1∶1~2∶1，产蛋鸡日粮的钙磷比例为 3.5 ∶1~6.0 ∶1。

（2）饲料中维生素 D 含量和每日光照时间直接影响到蛋鸡对钙磷的吸收，光照时间不足则导致维生素 D_3 的缺乏，肠道对钙磷的吸收减少，血液中钙磷的浓度降低。钙磷不能在骨骼中沉积，使成骨作用发生障碍，造成骨盐的再溶解，而发生瘫痪。一般育雏鸡和育成鸡期间可采用自然光照，鸡 16~18 周龄时开始补充光照，逐渐增加至产蛋高峰期，同时在饲料中添加维生素 D_3。

（3）如果蛋鸡患了肠胃道疾病，时间长了就有可能突然瘫痪。因此，当发现鸡群腹泻时应及时诊治，在使用抗生素的同时，适当补充钙、磷、维生素 D 等，就能有效预防瘫痪。

三、蛋鸡疾病防治

（一）蛋鸡细菌病

1 如何诊治大肠杆菌病？

大肠杆菌病是临床最常见的细菌病之一，对蛋鸡养殖造成的危害相当大。大肠杆菌属于条件性致病菌，在自然界中普遍存在，饲养管理不当和各种应激因素均可诱发该病。大肠杆菌垂直传播，就是种鸡带菌，通过种蛋传给下一代；大肠杆菌通过饲料、饮水等水平传播，经消化道、呼吸道感染。不同日龄的鸡都可感染，单独发生或继发和混合感染，表现脐炎、眼炎、气囊炎、心包炎、肝周炎和腹膜炎等。

（1）脐炎：1~10 日龄雏鸡发病，虚弱，打堆，水样腹泻，腹部膨大，脐孔及其周围皮肤发红、水肿，脐孔闭合不全或呈蓝黑色，有刺激性恶臭味。打开腹腔可见到未吸收的卵黄，灰绿色、发臭，触之即破。患脐炎雏鸡死亡率可高达 10% 以上。

（2）眼炎：鸡舍内空气污浊为病因，病鸡多为一侧性眼炎。病鸡初期减食或废食，羞明、流泪、红眼，随后眼睑肿胀突起。

（3）气囊炎：一般病鸡有明显的呼吸音，咳嗽和呼吸困难并发出异常音。剖检，胸、腹等气囊壁增厚不透明、灰黄色，囊腔内有数量不等的纤维性或干酪样渗出物。

（4）败血症：3~7 周龄鸡多发，死亡率为 1%~10%。病鸡离群呆立或挤堆，羽毛无光泽，排黄白色稀粪，肛门污秽，病程 1~3 天。剖检病变为心包炎，常伴发心肌炎，心包膜肥厚、浑浊，心外膜水肿，心包囊内充满淡黄色、纤维素性渗出物，严重的心包膜与心肌粘连。肝周炎为肝脏肿大，附着一层黄白色纤维蛋白；肝脏变性，质地变硬，有许多大小不一的坏死点；严重者肝脏渗出的纤维蛋白与胸壁、心脏和胃肠道粘连，或导致腹水症。严重者也可见气囊炎。

大肠杆菌病常继发感染或混合感染，症状和病变会随病情发生变化，要实验室分离病原才能确诊。

（5）预防措施：大肠杆菌是一种条件性致病菌，预防该病关键在于改善饲养环境条件，减少各种应激因素。

（6）治疗措施：大肠杆菌易产生耐药性，因此，应先做药物敏感试验，选择高敏药物进行治疗。注意交替用药，尽早用药，以控制早期感染和预防大群鸡感染。安普霉素、新霉素、黏杆菌素、强力霉素、环丙沙星等早期疗效较好。

❷ 如何诊治沙门菌病?

鸡沙门菌病主要包括鸡白痢、鸡伤寒和鸡副伤寒等。本病主要经蛋传播，或通过饲料和饮水、人工授精等途径传播。

（1）白痢：雏鸡表现为急性败血病，发病率、死亡率都很高。肝肿大出血，可见大小不等的灰白色坏死点，有条纹状出血。成年鸡多呈慢性或隐性经过，对产蛋率、受精率和孵化率都有影响。

（2）伤寒：病鸡精神沉郁、羽毛松乱。剖检，肝脏肿大、出血，呈古铜色，这是伤寒的典型病变。

（3）副伤寒：肝脏、脾脏肿大出血，有灰白色坏死点，心包炎和心包粘连，盲肠有干酪样栓塞。

（4）预防措施：沙门菌血清型众多，易产生耐药性，因此，用疫苗和药物防治本病并不是最佳选择，须采取综合性防控措施。如加强蛋库、孵化器和出雏器的消毒，积极灭鼠，做好日常环境卫生和消毒工作，可大大降低鸡场沙门菌的污染程度。

（5）治疗措施：环丙沙星 0.01% 饮水，连用 3~5 天；氟苯尼考 0.01%~0.02% 拌料，连用 4~5 天；新霉素、安普霉素等拌料或饮水。

3 如何诊治鸡支原体病?

鸡支原体病可通过带菌种蛋垂直传播，也可通过被污染的饲料、空气、羽毛和饮水等接触传播，或交配传播。本病易复发，常并发和继发大肠杆菌病、新城疫、鸡传染性鼻炎、鸡传染性支气管炎等。鸡群密度过大、鸡舍寒冷潮湿、通风不良、氨气浓度大、疫苗接种等应激因素，均可诱发该病。

（1）败血支原体病：发病缓慢，病鸡主要表现打喷嚏，流鼻涕，咳嗽。个别鸡患眶下窦炎，肿脸，在眶下窦外可形成大的硬结节。眼流泡沫样液体，眼内有干酪物样渗出物，甚至失明。产蛋鸡产蛋率略有下降，蛋壳品质下降。

剖检，鼻腔、眶下窦黏膜充血、水肿，窦腔内充满黏液和干酪样渗出物。气管和喉头有少量黏液，黏膜增厚，气囊浑浊。发病后期，气囊内有黄色干酪样物，或引起肺炎。与大肠杆菌混合感染时，肝脏上附着一层厚的黄白色包膜，心包增厚，心包液浑浊或变干酪样物。产蛋鸡后期还会继发输卵管炎，表现为输卵管出血、水肿。

（2）滑液囊支原体病：主要侵害关节，病鸡跛行、瘫痪和发育不良。跗关节和跖底肿胀，切开有奶油样或干酪样物。胸囊肿病鸡出现黄色粒状分泌物。

（3）鉴别诊断：传染性喉气管炎病鸡常发生痉挛性咳嗽、尖叫，个别鸡咳出血痰，气管黏膜常有凝固的干酪样物，或有血痰阻塞气管。传染性支气管炎传播迅速，主要引起支气管发炎、栓塞。肾型传染性支气管炎病鸡排白色稀便，肾脏、输尿管有尿酸盐沉积。传染性鼻炎病鸡面部浮肿且发热，一般不侵害气囊。

（4）防治措施：建议使用进口疫苗免疫预防该病，保护率能达到70%~80%。免疫鸡群还要结合药物防治，注意不能同时用药和疫苗免疫。一般在产蛋前7~10日龄、40~50日龄和80日龄前后预防性投药3次，能起到很好的预防作用。泰乐菌素、泰妙菌素、泰万菌素、强力霉素等都是对支原体高度敏感的药物，可用于治疗。

4 如何诊治鸡传染性鼻炎？

各年龄鸡均可发病，老龄鸡感染较为严重。病鸡和隐性带菌鸡是传染源，通过飞沫和尘埃经呼吸道传染，或通过污染的饲料和饮水经消化道传染。各年龄鸡混群饲养、通风不良，鸡舍内闷热、氨气浓度大，或鸡舍寒冷潮湿，缺乏维生素 A，感染寄生虫病等，都能使鸡群病情加重。本病与突变天气和饲养管理条件差有关，多发于秋、冬两季。

（1）临床症状：病鸡鼻孔先流出清液，后转为浆液黏性分泌物，有时打喷嚏；脸肿胀，表现眼结膜炎，眼睑肿胀。食欲差、饮水减少，或有下痢。成年母鸡产蛋减少，公鸡肉髯常见肿大。发病后期则呼吸困难，有啰音。个别鸡因窒息而死。

（2）剖检变化：主要病变为鼻腔和窦黏膜充血肿胀，表面有大量黏液，窦内有渗出物凝块，后变为干酪样物。常见眼结膜充血肿胀，脸部和肉髯皮下水肿。严重时可见气管黏膜炎症，偶有肺炎或气囊炎。

（3）预防措施：在鸡 35 日龄和 120 日龄前后，两次免疫含 A、B、C 型副鸡嗜血杆菌的三价灭活油苗。如果鸡群发生鼻炎，可以紧急接种鼻炎水苗，注意昼夜温差，做好鸡舍保温工作。

（4）治疗措施：传染性鼻炎常有并发感染。如鸡群死亡率高，抗生素治疗效果不好，考虑有混合感染的可能。开产前使用磺胺药物，配合退热和止咳平喘的药物效果好。产蛋期要用中药治疗，避免鸡蛋药物残留。由于药物不能清除鸡体的带菌状态，停药后容易复发，因此，一定要注意改善鸡舍空气质量，加强保温措施，注意饮水和环境消毒等，防止复发和继发感染。

5 如何诊治鸡曲霉菌病?

鸡曲霉菌病又称霉菌性肺炎，是由多种霉菌混合感染而引起。

（1）临床症状：1~3周龄雏鸡多发，主要症状是呼吸困难，伸颈、张口喘气，甩鼻，有的眼睑肿胀，分泌物增多，严重者眼内蓄积豆渣样物，甚至角膜溃疡。病鸡表现全身症状，不吃料、腹泻，病程2~3天，死亡率可达50%。

（2）剖检变化：肺、气囊、肠系膜有散在的、黄白色、小米粒大至黄豆大的霉菌结节，结节内有黄白色干酪样物。肺呈紫黑色、灰白色、发硬，肺切面坏死。气囊浑浊，气管和支气管炎性充血，偶见霉斑。

（3）防治措施：梅雨季节防潮，不喂发霉的饲料，不使用发霉的垫料，鸡舍地面、育雏室要经常清扫，用5%石炭酸消毒。发病鸡群可用制霉菌素和硫酸铜溶液饮水，两药同时应用5~7天，再单用硫酸铜5~7天。二性霉素B、克雷唑、哈霉素等也有一定疗效。

6 如何诊治鸡念珠球菌病?

本病又称霉菌性口炎，俗称鹅口疮，是一种消化道真菌病，主要经消化道传染。

（1）临床症状：病鸡全身消瘦，生长发育不良，采食量下降，嗉囊积食，口腔有酸臭味。严重者吐水、下痢，脱水衰竭而死。成年鸡感染，表现为食欲不振、饮水多，嗉囊肿大松弛，鸡冠变暗，羽毛蓬乱，逐渐消瘦、精神萎靡，继发其他疾病而死亡。

（2）剖检变化：病变多位于消化道，尤其是嗉囊黏膜散布有薄层疏松、褐白色坏死物和白色、圆形隆起的溃疡灶。口腔、咽、食道及口腔黏膜形成黄色、干酪样溃疡斑块。有时腺胃也受侵害，黏膜肿胀、出血，肌胃的角质层溃烂。

（3）预防措施：改善饲养管理措施和鸡舍的卫生条件，鸡群保持合理饲养密度。种蛋在入孵前应严格消毒，以防种蛋带菌传染雏鸡。平时不喂霉变饲料，对鸡舍及用具用 0.4% 过氧乙酸进行带鸡喷雾消毒，每天 1 次，连用 5~7 天。

（4）治疗措施：每千克饲料添加制霉菌素 100~150 毫克，连喂 1~3 周。克霉唑每羽雏鸡 10 毫克，混饲，连喂 1~3 周，可减轻病情。

7 如何诊治禽霍乱？

禽霍乱病原是多杀性巴氏杆菌，是一种急性败血性传染病。

（1）最急性型：见于发病初期，病鸡不表现症状即倒地死亡。有的鸡前一天晚上一切正常，翌日早晨即发现死于鸡舍。剖检无明显病变，有时可见心冠脂肪有出血点。

（2）急性型：病程 1~3 天。病鸡精神差，体温上升至 43~44℃，食欲减少或不食，口渴；张口呼吸，摇头，从口、鼻中流出混有泡沫的黏液；排黄色、灰白色或淡绿色稀便；鸡冠、肉髯呈暗红色至紫黑色，最后瘫痪而死亡。剖检，肝脏肿大，散布针尖大小的灰白色坏死点，这是鸡霍乱的一个特征性病理变化。腹膜、皮下组织和腹部脂肪常有小点出血，肠道黏膜充血、肿胀，并有数量不等的出血点。心冠脂肪、心外膜有出血点或出血斑，心包积液，有时还混有纤维素性凝块。肺充血，表面有出血点，有时发生肺炎。

（3）慢性型：病程常为几周，甚至 1 个月以上。病鸡消瘦，下痢。有些病鸡一侧或两侧关节发热肿胀，行走困难。有些病鸡表现呼吸道症状，鼻流黏液，鼻窦肿大，喉部蓄积分泌物。

（4）预防措施：加强饲养管理，注意环境卫生和消毒。经常发生本病的地区或鸡场，应定期接种禽霍乱疫苗。

（5）治疗措施：氟苯尼考与丁胺卡那霉素，配合注射或口服；丁胺卡那霉素，0.4 毫升 / 千克，肌肉注射，1 天 1 次，连用 1~2 天；氟苯尼考拌料，连用 3~5 天；盐酸沙拉沙星、恩诺沙星、复方阿莫西林等，都有很好的治疗效果。

8 如何诊治鸡弧菌性肝炎？

鸡弧菌性肝炎是由空肠弯曲杆菌引起的细菌性传染病，各日龄鸡群均可发病，但开产前后的鸡最易感，发病率高，死亡率低。病鸡和带菌鸡为主要传染源，病菌通过粪便排出体外，污染饲料、饮水和用具等，经消化道感染。饲养管理不良和应激因素，如转群、注射疫苗、气候突变等，都可诱发本病。

（1）临床症状：病鸡表现贫血、腹泻、鸡冠苍白，雏鸡腿软难以站立，母鸡产蛋率下降。如果与大肠杆菌、沙门菌等混合感染，死亡率则明显升高，可达 10%~20%。

（2）剖检变化：肝脏变性和坏死。肝脏肿大，边缘钝圆，质地脆，淤血或发黄，表面有出血点或出血斑，有的破裂；肾脏肿胀；卵巢变性，有的卵泡破裂，卵黄掉入腹腔，引起卵黄性腹膜炎。产蛋鸡肝破裂而突然死亡，腹腔积满血水，子宫内常有完整的鸡蛋。

（3）预防措施：对鸡舍内外、饮水、饲料及用具等严格消毒。及时清理粪便，防止细菌滋生。保持鸡舍内清洁卫生，温、湿度适宜和饲养密度合理，营养充足，精心饲养。

（4）治疗措施：恩诺沙星饮水，50毫克/升，1天2次，连饮3~5天。丁胺卡那霉素，20毫克/千克，肌肉注射，1天2次，连用3天。强力霉素，200克/吨拌料，连喂5天。在饮水中添加复合维生素，以增强鸡的抗病力。

9 如何诊治鸡坏死性肠炎？

坏死性肠炎是魏氏梭菌引起，也叫肠毒血症。各日龄鸡均可发病，温暖潮湿季节多发病。发生小肠球虫、蛔虫及肠道损伤疾病时，易继发本病。饲养密度过大、鸡舍潮湿、鸡患维生素缺乏症、水质污染，饲料霉变等，易诱发本病。

（1）临床症状：病鸡消瘦、毛色较差，排出黑褐色泥状或者赤褐色粪便，产蛋率和蛋壳品质下降，死淘率增加。

（2）剖检变化：肠道整体肿胀发黑，肠道内壁出血，肠腔内有豆腐渣样或麸皮样内容物；盲肠、十二指肠肿胀，出血严重。小肠充气膨胀，肠壁薄，充满暗绿色或豆渣样内容物。肝脏充血肿大，有不规则坏死灶。

（3）预防措施：在保证鸡舍温、湿度适宜的前提下，加强通风换气，降低养殖密度，注意饲料品质，防止霉变。定期清理水线。在饲料中适量添加鱼肝油，修复鸡群肠道黏膜。

（4）治疗措施：使用林可霉素、杆菌肽锌、土霉素、青霉素、泰乐菌素等，甲硝唑和庆大霉素配合使用，治疗效果好。另外，在治疗坏死性肠炎的同时，注意防控球虫病。

10 如何诊治鸡葡萄球菌病？

一般认为葡萄球菌是主要的致病菌。在皮肤或黏膜表面破损时，葡萄球菌易侵入。如戴翅号、断喙、刺种疫苗、网刺和刮伤、啄伤等，都可引发葡萄球菌感染。临床常见鸡痘继发葡萄球菌感染。1 周龄内雏鸡，常由于脐带感染葡萄球菌而死亡。本病通过直接接触和空气传播。本病有多种类型，给养鸡业造成较大损失。

（1）临床症状：病鸡表现急性败血症、关节炎、雏鸡脐炎、皮肤坏死和骨膜炎等症状。雏鸡感染多为急性败血症，中雏鸡为急性型或慢性型，雏鸡和中雏鸡死亡率较高，成年鸡多为慢性型。

（2）剖检变化：特征性病变是胸部、前腹部羽毛稀少或脱毛，皮肤呈紫黑色浮肿，有的破溃，还可见轻度坏死。肝、脾肿大，紫红色，有花纹或驳斑样变化。心包积液，呈黄红色、半透明。关节炎型可见关节肿大，滑膜增厚，充血或出血，关节囊内有浑浊的渗出液或干酪样物。雏鸡可见脐部肿大，紫红或紫黑色，有暗红色或黄红色液体，时间稍久变为脓样干固坏死物。肝有出血点。卵黄吸收不良，呈墨绿或黑灰色。

（3）预防措施：加强饲养管理，保证饲料中维生素和矿物质充足，保持良好通风条件、适宜的湿度、合理养殖密度。防止鸡只受伤。做好笼具和环境的清洁消毒工作，接种疫苗时针头要灭菌消毒。减少和消除传染源，降低感染风险。

（4）治疗措施：林可霉素、大观霉素及头孢类等药物，有一定的防治效果。葡萄球菌易产生耐药性，应做药物敏感试验，筛选敏感药物。

（二）蛋鸡病毒病

1 如何诊断与防控禽流感？

禽流感是由A型流感病毒引起的烈性传染病。目前我国禽流感流行较为复杂，高致病禽流感H5检出率仍旧较高，以H5N6、H5N8为主，H5N1、H5N2等毒株也存在。目前预防高致病禽流感的最新疫苗是H5的Re-13、Re-14。

（1）高致病性禽流感H5：鸡冠发紫，肿肉髯，肿头肿脸是一个特征性症状。鸡突然死亡，尤其是体重大的高产鸡。

剖检，腹部脂肪、心脏脂肪出血，卵泡破裂、液化、变性，输卵管发炎肿胀，内有脓性分泌物。腺胃出血，但不是禽流感的特征性病变，因为能够造成腺胃出血的疾病很多，如新城疫、腺胃炎、传染性法氏囊病等，要注意鉴别诊断。高致病性流感侵害产蛋鸡时，要重点观察卵泡和输卵管病变。

（2）低致病性禽流感H9：主要表现呼吸道症状，特别是晚上可听到鸡群的呼噜声、干咳声。个别鸡肿头肿脸，排白色稀便。采食量大幅度下降，生长缓慢，死淘率升高，产蛋率、孵化率有不同程度下降。

（3）H7N9：H7N9相对H5N1就温和了一些，症状较轻，死亡率不超过 20%。病鸡采食量会下降，死亡率也会增加，死亡高峰期在发病后 3~5 天。剖检，主要是看卵泡有没有破裂，输卵管里面有没有脓性分泌物。

（4）防控措施：15 日龄鸡，使用禽流感 H5–H7 二联灭活苗；21 日龄鸡，使用新城疫 – 传染性支气管炎 – 禽流感 H9 三联灭活苗；40 日龄鸡，使用禽流感 H5–H7 二联灭活苗；65 日龄鸡，使用新城疫 – 禽流感 H9 二联灭活苗；110 日龄鸡，使用禽流感 H5–H7 二联灭活苗；125 日龄鸡，使用新城疫 – 传染性支气管炎 – 禽流感 H9 三联灭活苗。

鸡开产后，最好根据抗体检测结果决定免疫时间。如果没有检测条件，一般应间隔 3 个月免疫一次。

预防禽流感除了保证疫苗的质量，免疫及时，疫苗防疫程序合理外，还要确保每一只鸡都要打上疫苗，同时配合管理和营养措施，保护率可以达到 90% 以上。

2 如何诊断与防控鸡新城疫?

鸡新城疫是由副黏病毒引起的急性、烈性、高度接触性传染病。一年四季均可发病，秋、冬、春季高发。

（1）临床症状：产蛋鸡精神沉郁，排绿色稀便，偶尔会排白绿便，嘴里有黏液流出，伴有采食量下降，产蛋率下降，软皮蛋增多。呼吸道症状主要为打呼噜。病鸡从精神差到死亡为 24~48 小时。由于采用了新城疫疫苗接种，临床多见非典型症状。如死亡率很低或不死鸡，只是表现轻微的呼吸道症状和产蛋率下降。青年鸡可见有神经症状，如头颈震颤、转圈、观星姿势等。

（2）剖检变化：输卵管萎缩，卵泡呈菜花状，或者是有黑眼珠一样的坏死。个别鸡的腹部脂肪、盲肠扁桃体、腺胃乳头出血，肠道变红，个别鸡弥漫性出血或有出血斑。呼吸道症状严重鸡会有气管出血。

（3）防控措施：加强养殖场的隔离消毒，平时做好防疫工作。隔 2 个月，进行一次新城疫－禽流感二联苗免疫。选择正规大厂家的疫苗，其他时间不要再给鸡群滥用冻干苗。通过防疫，可以提供鸡群 3 个月的保护力。

一旦发生疫情，对病死鸡深埋，环境消毒，防止疫情扩散。发病早期大群鸡可用抗病毒的生物制剂饮水，以提高机体抵抗力。不建议使用冻干苗紧急接种，会增加死亡率。

3 如何诊断与防控鸡传染性支气管炎?

鸡传染性支气管炎是由冠状病毒引起，分为肾型传染性支气管炎、呼吸道型传染性支气管炎和生殖道型传染性支气管炎。

（1）肾型传染性支气管炎：主要侵害十几天的雏鸡，防疫比较密集时更要注意，因为应激大，鸡只免疫力下降。如果育雏舍温差超过 3~5℃，雏鸡受凉以后，会出现缩脖、闭眼睛、扎堆，干爪，排白色稀便，死淘率升高。剖检，主要病变是肾脏肿大，输尿管内有白色尿酸盐。

（2）呼吸道型传染性支气管炎：传播迅速，全群鸡表现呼吸道症状，粪便稀薄。蛋鸡产蛋率下降，一般持续下降 5~7 天。待产蛋率平稳并回升时，出现大量的软皮蛋、沙皮蛋、畸形蛋、薄壳蛋，蛋清稀薄如水。

（3）生殖道型传染性支气管炎：鸡群产蛋无高峰期，有不下蛋的假母鸡。剖检，输卵管萎缩、不发育，或有积液，有的输卵管底部水肿，鸡蛋产不出来，产软蛋等。鸡群产蛋率为 50%~80%，个别可能不到 40%，有可能是感染了本病。近年来本病发生率有上升趋势。

（4）防控措施：产蛋前活苗免疫 4~5 次，灭活苗免疫 2~3 次，一般传染性支气管炎活疫苗是与新城疫疫苗联合，灭活疫苗与新城疫疫苗或禽流感 H9 疫苗联合。用 4/91、MA5、LDT3 预防肾型传染性支气管炎和生殖道型传染性支气管炎，用 H120、H52 预防呼吸道型传染性支气管炎。

对发病鸡群提高舍温 2~3℃，减少鸡群应激。抗病毒 + 消炎 + 通肾药物治疗，维生素辅助治疗。及时挑出不下蛋的假母鸡，减少损失。

4 如何诊断与防控传染性喉气管炎？

传染性喉气管炎是由疱疹病毒引起的急性呼吸道传染病。冬春季节多发，呈地区流行性。各品种、各日龄鸡均可发病，成年鸡发病率较高。

（1）临床症状：鸡群感染有两种情况：一是防疫过传染性喉气管炎疫苗的鸡，主要表现尖叫、打呼噜、咳嗽等呼吸道症状，而且传播速度快，3 天内全群鸡暴发。二是没有防疫过传染性喉气管炎疫苗的鸡，除了有上述呼吸道症状外，咳嗽时会甩出带血黏液，挂在笼子上。产蛋鸡群产蛋率下降，出现沙皮蛋、畸形蛋、白皮蛋等，死淘率升高。

（2）剖检变化：喉头出血，气管环严重充血、出血。气管内有血样渗出物，喉头上有堵塞物。卵泡充血、出血，破裂后并发卵黄性腹膜炎。

（3）防控措施：鸡 35 日龄和 80 日龄各接种一次疫苗。发病鸡群，建议用 2~3 倍量进口传染性喉气管炎疫苗紧急接种，配合抗病毒 + 止咳化痰 + 防继发感染药物治疗。

5 如何诊断与防控鸡痘?

鸡痘是由痘病毒引起的急性、接触性传染病。本病夏季多发，通过库蠓和蚊虫叮咬后感染。病鸡表现消瘦，营养不良，抵抗力下降。

（1）皮肤型鸡痘：鸡冠、肉髯、鸡喙、脚趾等无毛处长出痘斑；感染后 5 天后出现灰白色小疙瘩，10 天后出现明显的痘斑和结痂。

（2）眼型鸡痘：痘斑长在眼睛周围，鸡体消瘦。

（3）黏膜型鸡痘：在喉头和气管黏膜处发现黄白色痘状结节，不易剥离，鸡窒息而死。发病鸡群紧急接种鸡痘疫苗，接种后 2~3 天可能死亡率会增加，3 天以后死亡率会降低。

（4）鉴别诊断：鸡传染性喉气管炎以春冬季多发，主要感染青年鸡和产蛋鸡，发病急、症状严重，雏鸡发病率低。黏膜型鸡痘多在秋冬季流行，北方地区多发于夏末及秋季。雏鸡发病率高，病情严重，死亡率高；青年鸡、成年鸡发病率低，病情不严重。另外，鸡传染性喉气管炎传播速度快，在很短时间内全群鸡发病，咳带血的黏液是特征性症状。黏膜型鸡痘发病比较慢，死亡率低。

（5）防控措施：建议20日龄首免，100日龄二免。用生理盐水稀释后，在鸡翅鸡内侧“三角区”翼膜处刺种。在刺种4~6天后抽查，如80%以上鸡有痘斑及结痂形成，表明免疫成功。鸡舍安装纱窗，阻隔蚊子和库蠓等。

对发病鸡群紧急接种鸡痘疫苗，抗病毒配合防继发感染药物治疗。

6 如何诊断与防控鸡传染性法氏囊病?

鸡传染性法氏囊病属于免疫抑制性疾病，主要侵害60日龄内雏鸡，近年来本病发生率不高，与育雏期养殖条件改善有很大关系。

（1）临床症状：鸡群突然大批发病，2~3天可波及60%~70%鸡，发病后3~4天达到死亡高峰，7~8天后死亡停止。病鸡精神沉郁，采食量减少，饮水增多，有些鸡会自啄肛门，排白色水样稀便。

（2）剖检变化：法氏囊肿胀，严重的会出现出血、坏死、萎缩，法氏囊呈紫葡萄样。病死鸡表现脱水，腿和胸部肌肉常有出血，颜色暗红；肾肿胀，肾小管和输尿管充满白色尿酸盐；腺胃和肌胃交界处出血。

（3）防控措施：加强饲养管理，控制育雏期鸡舍温差，减少鸡群冷应激。

目前有3种免疫程序，1日龄鸡囊胚宝或威力克注射，14日龄鸡中等毒力以上的活疫苗饮水，7~10日龄鸡注射新城疫+禽流感+

传染性法氏囊病 + 禽腺病毒病四联油苗。

卵黄抗体注射，同时黄芪多糖饮水 + 通肾 + 防止继发感染药物。

7 如何诊断与防控鸡马立克病?

鸡马立克病是一种病毒性、肿瘤性免疫抑制性传染病，2~18 周龄鸡均可发病，母鸡比公鸡易感性高。一般蛋鸡在 50 日龄以后出现症状，70 日龄后陆续死亡，90 日龄以后达到死亡高峰，很少鸡在 30 周龄才出现症状。

（1）内脏型：病鸡消瘦，鸡冠萎缩，最后衰竭死亡。剖检，内脏器官均有不同程度的肿大，并伴有大量的乳白色肿瘤结节。主要病变在心、肝、肺、胰、腺胃、脾脏、卵巢。

（2）神经型：病鸡神经麻痹，若是坐骨神经受损，则表现腿瘫，呈劈叉姿势。若是翅神经受损，则表现两翅下垂。剖检，可见受损的神经粗肿，上有条纹状增生。

（3）眼型：病鸡瞳孔收缩，边缘不整齐，像锯齿状。

（4）皮肤型：病鸡皮肤上散布着大小不等的肿瘤。

（5）混合型：同时表现两种或两种以上病变。

（6）防控措施：疫苗接种是控制本病的主要措施，1 日龄蛋鸡接种疫苗，一般在孵化场完成，但疫苗的有效保护率不能达到 100%。因此，免疫鸡群中仍有少量病例发生，采取综合防疫措施是十分必要的。

8 如何诊断与防控鸡病毒性关节炎?

鸡病毒性关节炎是种由呼肠孤病毒引起。病毒主要侵害关节滑膜、腱鞘和心肌，引起足部关节肿胀，腱鞘发炎，继而腓肠腱断裂。病鸡跛行或不愿走动，采食困难，生长停滞。

（1）临床症状：病鸡主要表现跛行或单脚跳跃，导致饮水和吃料困难，日渐消瘦、贫血，少数衰竭而死亡。蛋鸡感染后，产蛋率可下降10%~15%，种鸡群种蛋受精率下降。

（2）剖检变化：病鸡跗关节上下周围肿胀，切开皮肤，可见到关节上部腓肠腱水肿，滑膜内经常有充血或点状出血，关节腔内含有淡黄色或血样渗出物。育成鸡或成年鸡易发生腓肠腱断裂。慢性病例关节腔内渗出物较少，腱鞘硬化和粘连，股骨头坏死。

（3）防控措施：在鸡6~8日龄和8周龄分别进行两次活苗免疫，鸡开产前2~3周再注射一次灭活苗。活疫苗与灭活疫苗结合免疫，效果好。

9 如何诊断与防控鸡传染性贫血病?

本病是由鸡传染性贫血病毒引起，鸡表现再生障碍性贫血、免疫抑制和死亡。2~3周龄雏鸡多发病，可垂直传播和水平传播。随着鸡日龄增加，易感性、发病率和死亡率逐渐降低。

（1）临床症状：病鸡贫血，精神沉郁，消瘦，喙、肉髯和可视黏膜苍白，后期腹泻。

（2）部检变化：血液稀薄不易凝固，肌肉苍白，骨髓从正常的深红色变成淡黄色。

（3）防控措施：12~14 周龄种鸡弱毒冻干苗饮水免疫，在免疫后 6 周产生免疫力，并持续到 60~65 周龄。母源抗体对雏鸡具有保护作用，一般持续到 3 周龄。因此，要从没有鸡传染性贫血病的种鸡场引种。本病没有特效药物治疗，可提高鸡群整体抗病力，用抗生素控制继发感染。

10 如何诊断与防控鸡白血病？

鸡白血病是一种病毒性、慢性淋巴样肿瘤性传染病，本病类型较多，以淋巴白血病较为常见。性成熟期鸡只多发，在肝、脾、肾、法氏囊等器官产生肿瘤。本病可垂直传播和水平传播。

（1）临床症状：病鸡衰弱无力，嗜睡，毛囊出血，鸡冠苍白，食欲下降或不食，下痢，产蛋停止，腹部增大。

（2）剖检变化：肝脏、脾脏、肾脏肿大，布满了灰白色肿瘤结节。近年来蛋鸡血管瘤发病率较高，胸部、颈部、尾部、脚趾处流血不止，周围羽毛被血液粘染。在肌肉表面或深层，气囊、卵巢、肠道、输卵管等处可见有大小不一的血管瘤，腹腔内有血凝块。

（3）防控措施：白血病以垂直传播为主，所以，应到没有此病的种鸡场购买鸡苗。饲养过程中细心观察，及时发现异常状况，尽早确诊、淘汰病鸡，是降低损失的有效手段。

11 如何诊断与防控鸡大肝大脾病？

鸡大肝大脾病是由禽戊型肝炎病毒引起，主要感染成年蛋鸡和肉种鸡。近年来发病率有所上升，特别是在鸡开产前期的加光或注射传染性鼻炎疫苗时产生应激，鸡群易发病。

（1）临床症状：病鸡精神不振、食欲减退，产蛋高峰维持时间短或无产蛋高峰，产小蛋，蛋壳薄并且颜色淡。一旦鸡群感染此病，免疫力会下降，死淘率升高。

（2）剖检变化：肝脏肿大，边缘钝圆，有出血斑和坏死灶，脾脏肿大出血。急性死亡病例腹腔中有出血或血凝块。

（3）防控措施：目前无有效治疗药物，本病通过粪便和消化道传播。注意鸡舍卫生，防止饲料霉变，增强鸡的肝功能，可有效降低该病的发生率。

12 如何诊断与防控鸡网状内皮增生症?

网状内皮增生症是一种肿瘤性传染病。病毒主要是侵害免疫系统，属于免疫抑制性疾病。新孵出的雏鸡最易感，感染后产生严重的免疫抑制，易引发其他疾病。育成后期发病率降低。

（1）临床症状：病鸡主要表现为贫血、生长受阻、消瘦。

（2）剖检变化：主要病变是肝脏肿大并有纽扣状肿瘤结节，肠道有串珠状肿瘤。肌肉、心脏及其他内脏器官也会有肿瘤。

（3）防控措施：本病无特效药物，平时加强饲养管理和卫生消毒，提高鸡体的抗病力是关键。

13 如何诊断与防控禽腺病毒病?

腺病毒分为 3 个亚群。1 群可以引起包涵体肝炎和心包积液综合征（安卡拉病），2 群可以引起火鸡出血性肠炎和鸡脾脏肿大，

3 群可以引起减蛋综合征。腺病毒可垂直传播，也可通过消化道、呼吸道黏膜等水平传播。

（1）包涵体肝炎：在产蛋鸡中比较常见，特点是肝脏麻点很多，肝脏比较钝，发黄，会有出血点、出血斑，卵泡呈菜花样。

（2）心包积液综合征：发病快，发病鸡群前期采食量不见下降，精神也无明显变化，就突然死亡，以中等和偏大鸡为主。个别鸡可见排黄绿稀便。产蛋鸡产蛋率下降，死淘率突然升高。剖检，典型病变是心包积有淡黄色透明液体，肝脏肿大、充血、易碎、发黄。

（3）产蛋下降综合征：鸡群精神基本正常，采食量下降，排绿色稀便，产蛋率下降，软壳蛋、薄壳蛋、畸形蛋明显增多。剖检，主要病变是卵泡变性、萎缩，输卵管炎症。

（4）防控措施：用新城疫 – 禽流感 – 禽腺病毒病三联油苗免疫接种，预防效果好。发病鸡群可选用针对性抗体紧急注射，抗病毒 + 消炎防控继发感染，注意保肝养肝。

14 如何诊断与防控禽脑脊髓炎？

禽脑脊髓炎是主要侵害雏鸡的一种病毒病，以运动失调和头颈部震颤为特征。本病可水平传播和垂直传播。

（1）临床症状：1~2 周龄雏鸡多发病，病鸡反应迟钝，头颈震颤，运动失调，前后摇晃，但仍有食欲，最后衰竭死亡。

（2）剖检变化：病变不明显，严重时可见肝脏肿大、肠炎。产蛋鸡感染无明显症状，可出现一过性产蛋率下降，下降幅度在 5%~15%，可逐渐恢复。

（3）防控措施：免疫种鸡是最有效的方法，90~100日龄鸡饮水免疫。注意饲养管理，保证供给各种维生素。

15 如何诊断与防控鸡肿头综合征？

鸡肿头综合征是由禽肺病毒引起的一种急性传染病。本病以鸡头部肿胀、打喷嚏及其他呼吸道症状为特征。一旦发病，传播迅速，可在1~3天遍及全场。发病鸡群死淘率增高，产蛋率下降10%~20%。

（1）临床症状：病鸡呼吸困难、咳嗽，打喷嚏，鼻腔流泡沫性分泌物，呼吸有啰音，眼周围、头部及肉髯水肿，精神沉郁；眼结膜发炎，内眦肿胀突出，严重病鸡眼完全闭合，下颌和颈上部也出现水肿。少数鸡可见头部抽搐、角弓反张等神经症状。

（2）剖检变化：头部周围皮下组织充满胶冻液或脓液，颅骨气腔中充满干酪样物。产蛋鸡多见病变为卵黄性腹膜炎，腹腔内可见到黄色分泌物。注意本病与传染性鼻炎的区别，鼻炎是鼻腔有大量黏液，且有黄色结痂阻塞鼻孔，抗生素治疗有效。肿头综合征无这些现象，抗生素治疗效果不佳。

（3）防控措施：改善饲养管理，加强通风，降低饲养密度和定期消毒，可以降低发病率。当鸡群感染禽肺病毒后，防止大肠杆菌病等细菌感染就显得很重要。因此，及时投服恩诺沙星、环丙沙星或氨苄青霉素、磺胺间甲氧嘧啶等敏感抗菌药物，适当配合抗病毒药物，可迅速控制病情。亦可选用弱毒疫苗或灭活疫苗免疫预防。

（三）蛋鸡寄生虫病

1 如何诊治鸡球虫病？

鸡球虫病是由球虫寄生于鸡肠黏膜上皮细胞而引起的一种急性流行性原虫病，危害严重。鸡舍潮湿、卫生条件恶劣时，最易发病。

（1）急性盲肠球虫病：病鸡精神沉郁，贫血消瘦。在感染后4~5天，病鸡排出大量新鲜血便。剖检，可见盲肠肿胀，充满大量血液，或盲肠内凝血并充满干酪样物。

（2）急性小肠球虫病：主要损害小肠中段，可见小肠黏膜上有大量粟粒大的出血点和灰白色坏死灶，小肠内大量出血，伴有干酪样物。

（3）慢性球虫病：主要损害小肠中段，可使肠管扩张，肠壁变薄，肠内容物黏稠、带血。

（4）防治措施：加强饲养管理：保持鸡舍干燥、通风和鸡场卫生，定期清除粪便，堆放发酵以杀灭卵囊。

3~6日龄鸡人工接种球虫疫苗，依靠首免后代卵囊重复感染而实现加强免疫。生产中使用多价球虫疫苗，以获得全面保护。

建议交替使用不同药物，以避免产生抗药性。

2 如何诊治鸡组织滴虫病？

组织滴虫病又名盲肠肝炎或黑头病，是由组织滴虫寄生于鸡的盲肠和肝而引起的一种急性原虫病。本病特征是盲肠发炎，呈一侧或两侧肿大，肝脏有特征性坏死灶。雏鸡多发病，近年来成年鸡发病普遍，垫料中的甲壳虫是主要传播媒介。

（1）临床症状：病鸡表现精神沉郁，排黄色或淡绿色稀便，急性感染时可排血便，消瘦。鸡冠、嘴角、喙、皮肤呈黄色，部分鸡冠、肉髯发绀，呈暗黑色，故称“黑头病”。产蛋鸡产蛋率下降，死淘率升高。

（2）剖检变化：肝脏肿大、出血，表面有坏死灶，严重者可见多个圆形、中央凹陷、周围隆起、似火山口样的溃疡病灶。盲肠一侧或两侧肿大变粗、出血，肠壁肥厚，呈腊肠状，肠腔内有同心圆状的干酪样物堵塞。

（3）防治措施：定期给鸡驱除异刺线虫。消灭传播媒介甲壳虫、蚯蚓。出鸡后彻底清扫鸡舍地面，用2%火碱水消毒。垫料过筛，甲醛喷雾消毒。治疗可用复方敌菌净、甲硝唑和地美硝唑等，效果良好。

3 如何诊治鸡住白细胞原虫病？

鸡住白细胞原虫病又称白冠病，是一种以贫血为主要特征的寄生虫病，主要是库蠓、蚊虫叮咬而发病。该病在我国南方地区多发于4~10月，北方地区多发于7~9月。本病以鸡冠发白，胸肌、腿肌有明显的芝麻状大小出血点，肌肉苍白，肝、脾肿大质脆，有出血点或白点结节为特征。

（1）临床症状：鸡群采食量下降，鸡冠与肉髯呈苍白色，排绿色稀便。部分病鸡临死前口鼻有流血。

（2）剖检变化：血液稀薄，不易凝固，肌肉色泽苍白。胸腿肌肉、胰脏、肠管外、腹部皮下脂肪，有许多粟粒大小的出血小结节。心、肝脏及脾脏肿大、出血，表面有灰白色小坏死点。

（3）防治措施：消杀库蠓等吸血昆虫，鸡舍安装纱窗，清除鸡场周边的杂草等。鸡开产前使用磺胺药治疗，鸡开产后使用中药治疗。

4 如何诊治蛋鸡前殖吸虫病?

各日龄鸡都易感染，春、夏两季为鸡前殖吸虫病高发期，一旦发病严重，鸡产蛋率大幅下降。

（1）临床症状：产蛋率下降，软皮蛋、畸形蛋增多，有时仅排出卵黄或少量蛋白，续而发展为产蛋困难或停止产蛋。

（2）剖检变化：主要病变是输卵管炎，输卵管黏膜充血、肥厚，黏液增多，在管壁上可见到大量虫体。

（3）防治措施：六氯乙烷拌料，0.2~0.3 克 / 千克，1 天 1 次，连用 3 天；丙硫苯咪唑拌料，100~120 毫克 / 千克，1 天 1 次，连用 3 天；驱虫后的鸡粪每天要及时清理，并进行无害化处理。

5 如何诊治鸡蛔虫病?

2~4 月龄鸡多发病，随着鸡年龄增大，易感性逐渐降低。1 年以上的鸡多为带虫者。

（1）临床症状：病鸡表现为精神不振，鸡冠、可视黏膜苍白，粪便中见有蛔虫，鸡体消瘦衰弱。一般成年鸡发病不表现临床症状，但产蛋减少或停止。严重时表现为下痢、贫血和消瘦。

（2）剖检变化：肠黏膜充血、出血，肠壁上有颗粒状化脓结节，肠管内可见黄白色虫体。

（3）防治措施：用左旋咪唑或阿苯达唑粉拌料，在育成期和预产期各驱虫一次。鸡粪应及时清除、堆积发酵，以杀死虫卵。

6 如何诊治鸡绦虫病？

苍蝇是鸡绦虫病传播媒介，夏季多发病。

（1）临床症状：初期病鸡采食量会增加，随着感染的加重，鸡表现精神沉郁，鸡冠发白，倒冠。产蛋率下降，蛋重减小，蛋壳颜色变浅。粪便稀薄，有过料便。粪便上可见有小米粒大小的白色绦虫卵。

（2）剖检变化：肠道内有绦虫寄生。

（3）防治措施：夏季驱杀苍蝇，安装纱窗。定期驱虫，鸡开产前可使用吡喹酮、灭绦灵或六氯酚等，鸡开产后使用无抗的中药产品。

7 如何诊治鸡螨虫和鸡虱？

鸡螨虫和鸡虱主要寄生在鸡的羽毛和皮肤上。鸡虱除寄生在鸡的体表外，还存在于蛋壳上，水线和乳头的结合处，料槽外部及侧面，鸡笼隐蔽处等。一旦鸡螨虫病发生就很难全面清除，是比较头疼的问题。

（1）临床症状：蛋鸡感染螨虫和鸡虱会瘙痒不安，常啄自身羽毛，导致羽毛脱落，鸡冠发白。产蛋率下降、蛋壳颜色变浅。鸡体消瘦，营养缺乏，出现贫血症状。

（2）防治措施：控制鸡舍环境卫生，及时清除鸡粪。目前最有效的治疗方法，是用灭虱药物对所有鸡只逆羽毛喷雾，将鸡全身喷至微湿，特别是肛门附近、大腿内侧加大喷雾力度。鸡虱容易反复，建议间隔 1 周后再治疗一次。除对鸡体施药外，还要对鸡舍周围环境如地面、笼具、网架等全面喷雾，以杀灭环境中的螨虫。

（四）蛋鸡其他常见病

❶ 如何诊治霉菌毒素中毒？

饲料中常见的霉菌毒素，有黄曲霉毒素、玉米赤霉烯酮、T–2 毒素、呕吐毒素、赭曲霉毒素等。霉菌毒素在家禽体内蓄积可以引起中毒，造成鸡抵抗力下降，采食量减少，营养代谢紊乱，免疫抑制，生产性能降低，组织器官变性坏死等。霉菌毒素中毒具有隐性和慢性特征，临床对该病的关注度不够，处理不及时，严重影响鸡群生产性能。

（1）雏鸡和育成鸡：生长缓慢，排稀便，羽毛异常；性早熟症状明显，鸡冠变厚、发红，兴奋易惊群；腹泻，死淘率增高。剖检，可见腺胃肿大，肌胃糜烂，胸腺、脾脏及法氏囊萎缩，肠内有未消化饲料，肠壁菲薄，肠道有不同程度的出血性炎症。

（2）成年鸡：口腔溃疡，采食明显变慢，吐酸水。排灰白色稀便，无产蛋高峰期，蛋壳颜色发白，破蛋率高。早、中期死亡胚胎明显增多，胚胎畸形率高。剖检，肌胃发黑，有坏死灶，腺胃糜烂出血。卵泡发育不全。个别鸡肝肿大、硬化，脾肿大、淤血。后代雏鸡卵黄吸收不好、发暗发绿，3~10 日龄雏鸡腺胃发黑，伴有心包炎。

（3）防治措施：杜绝使用含霉菌毒素的饲料原料，饲料中添加优质脱霉剂。对于发病鸡群，快速清除体内霉菌毒素与保肝健肾相结合。β－葡聚多糖对饲料中的霉菌毒素有极强的吸附作用，并能强化免疫系统功能，促进免疫器官发育，提高成活率。饮水中添加葡萄糖、维生素 C、中草药提取剂，可加快机体的解毒和排毒。

2 如何诊治腺胃炎？

腺胃炎可引起腺胃肿胀、糜烂等病变。主要病因是管理因素和饲料因素，如鸡舍的温度、湿度和通风控制不当，免疫、换料等应激，饲料中霉菌毒素超标，都可诱发腺胃炎。

（1）临床症状：病鸡生长缓慢，大群鸡整齐度差；腹泻，有过料便，后期排棕红色至黑色稀便。

（2）剖检变化：病鸡腺胃肿大如球，腺胃乳头不清晰。肌胃呈黄褐色，鸡内金呈烧伤状、变薄，严重者穿孔。肠道有不同程度出血性炎症。

（3）防治措施：改变传统的简易鸡舍为环境控制鸡舍，夏季降低饲养密度，防止饲料受潮和霉变，饲料中添加高效脱霉剂。治疗以抑制胃酸分泌、保护胃黏膜、消除炎症、清热解毒为主。如使用西米替丁、小苏打、阿莫西林、B族维生素与健胃消食中药配合治疗，效果较好。

3 如何诊治新母鸡病？

新母鸡病又称产蛋前期应激综合征，是刚开产母鸡发生的一种条件性疾病。该病一年四季均能发生，夏季最为常见。

本病发生在刚开产至产蛋高峰期，非标准化、小规模鸡场发病较多。凌晨死鸡，死亡鸡只体重大，鸡冠尖发紫，冠根发白，肛门外翻，两腿往后伸。剖检，最典型症状是肝脏发黄，包着血块，类似于脂肪肝症状，肛门处有一个未产出的硬皮蛋或软皮蛋。

（1）呼吸性碱中毒：夏季温度高，鸡没有汗腺，需要通过张嘴呼吸排汗排热，呼吸频率加快，过多的二氧化碳在体内蓄积，导致鸡呼吸性碱中毒而突然死亡。

（2）血液黏稠度增高：鸡群除了张嘴呼吸以外，还要通过大量喝水排出尿液，带走体内热量。因此，白天喝水多，排尿也多。晚上关灯后鸡群不喝水、不吃料，但是还要继续排尿，会导致血液黏稠度升高，血液循环受阻而突然死亡。

（3）肠道炎症：处于高产期或产蛋爬升期的蛋鸡，对能量的需求特别高。由于鸡患肠道疾病，饲料转化率降低，达不到正常需求时，体力衰竭而死亡。

（4）血氧含量低：鸡舍通风不良时，鸡体血氧含量低，造成缺氧而死亡。

（5）热应激：夏季气温高于 38℃时，鸡舍如无湿帘、风扇等降温设施，鸡群会因急性中暑而死亡。

（6）防治措施：晚上 23~24 点开灯，确保有水有料，让鸡群活动散热。夏季鸡舍安装湿帘，加强通风；增加饲料代谢能水平；使用药物缓解热应激。

4 如何诊治输卵管炎？

输卵管炎是蛋鸡的常见病之一，主要造成产蛋率下降，产薄壳蛋、畸形蛋、血斑蛋、白壳蛋、沙壳蛋。该病原因复杂、反复发生，造成巨大经济损失。

（1）饲料因素：饲料霉变或者营养不均衡，均会导致鸡输卵管炎。如饲喂的动物性饲料过多，会导致蛋过大而损伤输卵管。饲料中缺乏维生素 A、维生素 D、维生素 E 等，也会导致鸡群发生输卵管炎。

（2）疾病因素：如新城疫、禽流感、减蛋综合征、传染性支气管炎、沙门菌病、大肠杆菌病等，均会引起鸡输卵管炎。

（3）应激因素：在产蛋期间发生应激，如断水、断料、免疫、换料、噪音、气候突变等，均会引起鸡群惊恐、产蛋异常，诱发输卵管炎。

（4）防治措施：搞好鸡舍卫生，定期带鸡消毒，减少鸡舍中病原微生物含量，是预防输卵管炎的有效方法。给鸡饮用清洁卫生的水，定期冲洗水线，防止饮水中微生物超标，保证鸡消化道健康，可以大大降低输卵管的发生率。合理搭配日粮，不要过度追求蛋重，否则，容易造成难产鸡增加，引发输卵管炎。防止饲料原料霉菌毒素超标，必要时添加高效脱霉剂。防控流感、传染性支气管炎、新城疫等。减少应激，改善管理，补充电解多维。

5 如何防治鸡群腹泻?

（1）生理性腹泻：生理性腹泻是一种鸡群特有的季节性现象。夏季随着舍内温度升高，鸡饮水量和排泄量会增加，粪便变稀。如果鸡群在春、夏季开产，可能会有一开产就腹泻的现象，但鸡群一切正常，不影响生产性能。过了产蛋高峰期以后，一入秋鸡腹泻现象就好了。

鸡开产前饲料中麸皮添加量大，钙质加得太快，也会引起生理性腹泻。正常我们要求的是，105 日龄鸡卵泡和输卵管发育时就应该加钙，产蛋率达到 10%~20% 时石粉加到 8%。但是，好多养殖场是在开产以后才开始加钙，加钙速度特别快，机体吸收不了，肾脏负担过重，也容易引起生理性腹泻。

生理性腹泻不影响鸡群正常生产性能时，不需治疗，但要密切关注粪便的变化。一旦发现粪便异常，如有过料便，颜色发红、发黄或发白，就是生理性腹泻并发了病理性腹泻。要及时查出病因，消炎止痢。

（2）病理性腹泻：鸡群感染疾病后出现腹泻，会严重影响产蛋率及蛋壳品质。几乎所有的细菌和病毒感染，都可引起鸡只肠道损伤，如炎症、水肿、出血、坏死等，粪便的颜色和状态也会有不同。

（3）中毒性腹泻：一般鸡群采食发霉、变质的饲料中毒、食盐中毒等，都可引起较为严重的腹泻，持续时间长，排出黑色粪便，伴有易惊、啄毛、啄肛等症状。如霉菌毒素中毒，劣质鱼粉或油脂中毒等。

（4）防治措施：夏季注意鸡舍通风干燥，安装湿帘、风扇等降温设施；开产期注意鸡群的营养补充和钙、磷平衡，提高饲料原料质量，减少霉菌的污染，就可有效预防生理性腹泻。

发病鸡群可添加微生态制剂，调整肠道菌群平衡，有效提高饲料的转化率和消化率，降低肠道疾病发生率。病理性腹泻要根据具体情况对症治疗。

6 蛋鸡常见肝病有哪些?

（1）新母鸡病：越是高产鸡群发病率越高，死鸡冠尖发紫，肛门外翻。肝脏质脆淤血，肠发黑，卵泡充血。输卵管内有一个软壳或硬壳蛋。

（2）弧菌性肝炎：病鸡体况较好，突然死亡。肝脏肿大、质脆，有大小不等的血囊或出血块，有星状坏死点，腹腔内有血水。

（3）脂肪肝：肝脏肿大、出血、发黄、质脆并有油腻感。病死鸡腹腔内脂肪大量沉积。

（4）包涵体肝炎：肝脏肿大，有出血点、出血斑。

（5）戊型肝炎：戊型肝炎是由肝炎病毒引起，肝脏肿大、边缘变厚且钝，占满整个腹腔，有坏死灶。脾脏肿大。

（6）肿瘤病：白血病、马立克病、网状内皮增生病等，肝脏肿大数倍，布满肿瘤结节。

7 蛋鸡常见眼病有哪些？

（1）支原体病：败血支原体会引起鸡只肿眼，眼流泡沫，眼睛内有干酪样物，甚至失明。

（2）禽流感：鸡群发病初期表现呼吸道症状，如咳嗽、呼吸啰音，伸脖张口，头部和眼睛周围水肿。

（3）肿头综合征：传染速度快，产蛋鸡多发病。呼吸啰音，眼周围、头部及肉髯水肿，眼结膜发炎，下颌和颈上部也出现水肿。少数鸡可见头部抽搐等神经症状。

（4）维生素 A 缺乏症：一侧眼部肿胀，眼睛浑浊，失明。

（5）传染性鼻炎：肿眼、流泪，流鼻涕，眶下窦肿胀。

（6）眼型大肠杆菌：感染鸡只发生眼结膜肿胀，流泪，严重者出现脓性或干酪样分泌物。

（7）眼型鸡痘：眼睑边缘有突起，伴随有肿胀流泪，身体无羽毛处会出现同样的痘斑。

（8）管理因素：空气质量差，饲养密度大，粪便不及时清理，空气中有害气体超标等，都会引起鸡肿头肿脸，流眼泪。

8 蛋鸡常见腿病发生的原因有哪些？

感染性腿病，如化脓性关节炎、鸡脑脊髓炎、病毒性关节炎等。营养性腿病，如脱腱症、软骨症、维生素 B_2 缺乏症等。管理性腿病，如风湿性和外伤性等。

（1）病毒性关节炎：病鸡严重跛行，行动困难。病鸡胫骨和踝关节肿胀，充满透明或血样液体。

（2）滑液囊支原体病：跛行，膝关节肿胀，充满奶油色液体。

（3）葡萄球菌感染：多发于20日龄以上的笼养和网养鸡群。表现为脚垫、脚趾及周围组织形成球形肿大，关节肿大，周围有囊泡。胸部皮下囊状水肿。感染化脓后，可见皮肤发紫、溃烂。

（4）胫骨软骨发育不良：生长快的鸡群常发生该病。

（5）腿扭曲：鸡腿可能向内或向外弯曲，与垫料质量和微量元素缺乏有关。

（6）痛风症：病鸡跛行，起立困难，结节增大，排白灰色稀便。关节腔、内脏附着白灰色尿酸盐。

（7）马立克病：病鸡呈“劈叉”状，即一只脚向前，另一只脚伸向后方，鸡爪多弯曲。

9 蛋鸡免疫抑制病有哪些?

鸡免疫抑制病是指使鸡的免疫器官及免疫细胞受到损害，而导致机体免疫机能低下或丧失的一类疾病。

（1）禽白血病：禽白血病有多种亚群，其中以J亚群危害最严重，发病率最高。本病可水平传播和垂直传播。主要引起肝脏、脾脏、法氏囊等器官的肿瘤。

（2）鸡传染性贫血：本病以垂直传播为主，2~3周龄鸡多发，1~7日龄雏鸡最易感。主要表现为再生障碍性贫血和全身免疫器官萎缩。胸腺、法氏囊比正常小，骨髓黄染。

（3）马立克病：1周内雏鸡最易感，需要在孵化场接种疫苗。潜伏期特别长，一般鸡在18周以后才发病。主要引起内脏、皮肤、眼等的肿瘤。

（4）鸡病毒性关节炎：1 日龄鸡最易感，病鸡、带毒鸡是主要传染源，4~7 周龄鸡多发。病鸡表现为关节肿大、跛行，死淘率上升。

（5）鸡传染性法氏囊病：主要破坏鸡的免疫中枢器官——法氏囊，潜伏期短，传播快，感染率和发病率高，有明显的死亡高峰。感染鸡法氏囊肿大、出血或萎缩。

（6）禽网状内皮组织增生病：该病毒以淋巴细胞和网状内皮细胞为靶细胞，引起免疫器官及组织的肿瘤。

（7）采取综合防治措施：鸡场要严格做好生物安全工作，切断传播途径。一定要选用品牌好、质量有保障的疫苗。选择口碑好的场家鸡苗，不从有这些疾病的种鸡场购买鸡苗。

（五）消毒与免疫

1 什么是蛋鸡健康养殖安全防疫体系？

（1）养鸡场大门口应设有消毒池，每 5~7 天应彻底冲刷并更换一次消毒液，消毒液要保持一定深度和浓度，冬季可加盐防止结冰。车辆进场时须经过消毒池，对车身和车底盘进行喷雾消毒。需进入鸡舍人员应更换场内专用工作服，脚踩过消毒盆中的消毒液后方可入内。

（2）在进雏前育雏舍及用具要彻底清洗、消毒，最后密封鸡舍，用福尔马林熏蒸。青年鸡舍、成年鸡舍在转群、出售后、进鸡前要彻底清扫、冲洗及消毒，并空置10~14天。

（3）保持鸡舍清洁卫生。饲槽、水线或饮水器定期洗刷，地面保持清洁、干燥。鸡舍内光照、通风、温度、湿度应符合要求。

（4）场舍外环境也要经常消毒。做好灭鼠、灭蚊蝇、灭昆虫等工作，严防猫、犬和鸟类进入鸡舍。

（5）谢绝外人进入场内参观。进场人员要更换消毒工作服、鞋帽，并做好消毒工作。

（6）饲养人员出场后再回来，要彻底消毒后，才能进入鸡舍和饲料间。平时不得互相串舍作业。

（7）饲料存放和加工要有专用场所，饮水要清洁，使用深井水或自来水。

（8）按照免疫程序及时接种，预防传染病。

2 空舍期清理消毒有哪些步骤?

（1）清扫清洁鸡舍与用具。鸡群淘汰后，鸡舍要尽快清理，为消毒打下良好基础，为熏蒸消毒留有充足的时间，出栏后3天内清粪，不留死角。能移动的设备全部移至舍外，用含氯消毒液进行浸泡和刷洗。

（2）清理清洁工作间和饲料间，达到看不到杂物、污物，摸不到灰尘的标准。

（3）对鸡舍要从上而下清扫、清洗，避免再污染，干净（无有机物）是消毒成功的决定因素。对不易清洗的网架、烟道，要用去污力强的消毒剂认真刷、擦、刮、扫，因为存留的有机物将严重影响消毒效果。水泥地面，要用高压水泵加污力较强的清洁剂冲洗。

（4）空舍喷雾消毒。对清洗干燥后的鸡舍和工作间墙壁、地面，用3 %氢氧化钠溶液喷洒消毒，1~2 升 / 米 ^{2}。氢氧化钠具有很强的腐蚀性和刺激性，需保护好设备。或用氯制剂、碘制剂等消毒液反复消毒 2~3 次。

（5）空舍熏蒸消毒。鸡舍经喷雾消毒后，将所有用具搬到舍内安放好，然后封闭窗户，熏蒸消毒 48 小时。常用的熏蒸消毒剂是福尔马林和高锰酸钾，使用量为每立方米 40 毫升福尔马林 +20 克高锰酸钾。福尔马林具有很强的刺激性，消毒好的鸡舍要通风 48~72 小时才可进鸡，所以要在进雏前 4~5 天熏蒸消毒。近年来，较多使用二氯异氰尿酸钠和固体甲醛熏蒸消毒。

3 带鸡消毒有哪些利弊？

带鸡消毒是指在笼舍有鸡的情况下进行喷雾消毒，能起到降尘杀菌、预防疾病作用。

（1）带鸡消毒的优点：不仅可以冲洗掉笼具、蛋网等处的灰尘，抑制或杀灭病原微生物，还可以使悬浮在空气中的固形物凝集沉降，达到净化空气的目的，起到干燥时加湿、高温时降温的作用。

（2）带鸡消毒的缺点：打破鸡舍环境平衡，会制造应激；方法不当会刺激鸡的呼吸系统；高温环境下热应激加剧，低温环境下鸡容易感冒。所以，要谨慎对待带鸡消毒。

（3）带鸡消毒注意事项：

①消毒前准备：带鸡消毒要在清粪、打扫卫生后，才能发挥更

好的消毒效果。

②消毒剂的配制：选择广谱、高效、杀菌作用强，而毒性、刺激性低，对金属、塑料制品的腐蚀性小，不会残留在肉和蛋中的消毒剂。常用百毒杀、拜洁、过氧乙酸、新洁尔灭、强力消毒灵、次氯酸钠、菌毒敌、复合酚、农福等。按使用说明的推荐浓度与用水量计算消毒剂用量，一般每立方米鸡舍需要50~100毫升，不同季节消毒剂用水量应灵活掌握。消毒剂的温度以30℃效果较好。

③消毒顺序：一般按照从上至下，即先房梁、墙壁，再笼架，最后地面的顺序消毒；从后往前，即从鸡舍由里向外的顺序，如果采用纵向机械通风，前后顺序则相反，应从进风口向排风口，顺着空气流动的方向消毒。

④消毒时间：冬季最好选在11~14点消毒，此时气温较高一些。夏季可选择在早上或晚间消毒。

⑤消毒方法：使用气雾发生器，雾滴大小控制在80~120微米，消毒枪应在鸡只上方50厘米处均匀喷洒。消毒剂呈雾状均匀落在笼具、鸡的体表和地面，使鸡的羽毛微湿。消毒后增加通风，以降低湿度，特别在闷热的夏季更有必要。

⑥消毒频率：发病鸡舍每天消毒1次；正常鸡舍根据污染程度，每周消毒1~2次。

4 影响消毒效果的因素有哪些？

（1）消毒配方不合理和浓度不合适。良好的消毒配方能显著提高效果，如季铵盐类消毒剂用70%乙醇配制，比用水配制穿透力更强，杀菌效果更好；戊二醛和环氧乙烷联合应用，二者具有协同效应，可提高消毒效力；使用具有杀菌作用的溶剂，如甲醇、丙二醇等配制消毒剂时，常可增强消毒效果。当然消毒剂之间也会产生拮抗作用，如酚类（石炭酸、复合酚等）不宜与碱类消毒剂混合，阳离子表面活性剂不宜与阴离子表面活性剂（肥皂等）及碱类物质混合，因此，消毒剂不能随意混合使用。

（2）温度、酸碱度（pH）等外界环境因素，对消毒剂的效果也有影响。消毒环境通常会有分泌物、脓液、饲料残渣及粪便等有机物，不仅能阻碍消毒剂直接与病原微生物接触，还能中和并吸附部分药物，使消毒作用减弱。因此，在消毒剂使用前，应充分清扫、清洗，清除物品表面的有机物，使消毒剂能够充分发挥作用。不同的消毒剂受有机物影响程度也有所不同，氯制剂消毒效果降低幅度大，季铵盐类、过氧化物类等消毒剂作用降低明显，戊二醛类和碘伏类消毒剂受有机物影响较小。

（3）消毒作用时间。一般消毒剂与微生物接触后，要经过一定时间后才能杀死微生物，所以消毒后不要很快进行清扫。若作用时间太短，往往会达不到消毒的目的。在进行饮水免疫时，不能同时对饮水和饮水工具消毒。

5 对鸡有哪些常用免疫方法?

（1）滴鼻点眼：左手抓住雏鸡头部，左手食指堵住左侧鼻孔，右手用滴管吸取稀释好的疫苗，对准右侧鼻孔滴入 1 滴，同时滴入眼内 1 滴，待疫苗完全吸入后松手。新城疫、传染性支气管炎等活疫苗，均采用此种方法。

（2）饮水：饮水免疫使用广泛，但是容易造成疫苗效力下降、免疫不均匀等问题，所以要严格把握免疫时间、稀释疫苗用水等。稀释疫苗最好用蒸馏水、深井水或冷开水，避免水中含有消毒剂。饮水中要加入0.1%~0.2%脱脂奶粉，以延缓疫苗失活时间。根据季节不同，免疫前2~4小时要停止供水，使鸡产生口渴感。整个饮水免疫过程不要超过2小时。

（3）喷雾：喷雾免疫是通过气雾发生器使疫苗形成雾化粒子，均匀地飘浮在空气中，随鸡自然呼吸疫苗被吸入肺部，而达到免疫效果。气雾免疫比饮水免疫效果更为有效，但要注意雾粒大小适中，雾粒过大或过小都会影响免疫效果。免疫期间应关闭风机，密闭鸡舍，减少空气流动，喷雾完毕20分钟后开启门窗。

（4）注射免疫：分为肌肉注射和皮下注射，肌肉注射部位有胸肌、腿肌及翅根部肌肉，多用于成鸡。要避免针头刺到骨骼或伤及内脏和血管神经。皮下注射多为颈部皮下，多用于雏鸡。

（5）刺种：用蘸有疫苗的刺种针在鸡翅膀内侧无血管区刺1~2下，常用于鸡痘疫苗的接种。接种3天后注意检查免疫效果，若80%以上鸡刺种部位发炎红肿，则表示接种成功，7天后会结痂。

（6）擦肛：主要用于鸡传染性喉气管炎强毒的免疫。将鸡泄殖腔黏膜翻出，用无菌棉签或小软刷蘸取疫苗，直接涂抹。

6 接种疫苗要注意哪些问题?

（1）要在低温环境下运输和保存疫苗，一般冻干苗在 −15℃以下保存，灭活苗在2~8℃保存。

（2）按说明书稀释疫苗，冻干活疫苗现配现用，剩余的不能再用。

（3）油苗保持与正常室温一致，一般建议用30~40℃水预温，注射前要用力摇匀。

（4）若疫苗瓶子破裂或密封不紧，性状发生变化和过期的，不能使用。

（5）注射接种时，要做好连续注射器的消毒，勤换针头，至少保证300~500只鸡换一次针头。废弃的疫苗和疫苗瓶要无害化处理。

（6）免疫接种时间。雏鸡和青年鸡的接种时间要求不严格，但是建议产蛋鸡免疫接种最好为16点，可以避开鸡产蛋，以免感染腹膜炎。

（7）根据鸡群的健康状况合理添加抗应激药物，以提高机体的抗应激能力。

（8）接种后要及时做好免疫记录。

7 联苗和多价苗有什么不同？

（1）联苗：由两种或两种以上的抗原混合配制而成。如新城疫－传染性支气管炎二联活疫苗，新城疫－传染性支气管炎－法氏囊病三联灭活疫苗等。联苗的优点是接种一次可以预防两种或多种疫病，减少免疫接种次数；缺点是免疫抗体产生速度不如单苗快，免疫效果也往往不如单苗好。因为活病毒联苗在一定程度上存在着抗原竞争和干扰现象，灭活病毒联苗存在有抗原含量不足，免疫持续期短等问题。

（2）多价苗：即由同一种抗原、不同的血清型制成。如禽流感三价灭活疫苗，传染性鼻炎三价灭活苗等。多价苗的优点是克服了因病原血清型多，且血清型之间很少或无交叉免疫的问题。

8 一般冻干苗和油苗免疫后多少天能产生抗体？

多数活疫苗 3~5 天产生抗体，7 天有保护力，2 周抗体达到峰值。灭活疫苗多数 7 天产生抗体，14 天有保护力，21 天抗体达到峰值。由于疫苗种类、鸡日龄、鸡群健康状况等不同，抗体维持时间也会有差别。一般成年蛋鸡活疫苗饮水或喷雾免疫抗体有效保护期为 45~60 天，灭活疫苗为 3 个月。

9 鸡群免疫失败有哪些原因？

（1）疫苗质量差：首先是疫苗抗原毒株与要预防疾病的毒株不对型，交叉免疫保护作用较小。第二是购买的疫苗不是正规厂家，质量没有保障。第三是疫苗保存不当，反复冻融或者超过了有效期。

（2）免疫程序不当：按习惯、凭经验选用免疫程序，盲目推迟或提前免疫。要根据当地鸡病流行规律和本场实际情况，制定合理的免疫程序。

（3）免疫操作失误：例如，饮水免疫时水质差，水槽污染，水量供饮不足或饮水时间延迟等。滴鼻、点眼和注射时，没有滴进去或刺穿皮肤造成的免疫不确实。气雾免疫时雾滴偏大或偏小，使用的疫苗量不足，喷雾时未减小通风量等。注射器未校准，针头过大，颈部皮下注射位置过高等，都可使免疫效果受到影响。

（4）鸡群处于亚健康状态：若鸡群在接种时已潜伏感染禽白血病、传染性贫血、法氏囊病等免疫抑制性疾病，接种疫苗受到免疫抑制或病毒的干扰，而达不到免疫目的。

（5）管理与营养因素：如果养殖环境或设施太差，鸡群长期营养不良，鸡群整体抗病力、免疫力就会很低，鸡群发病率就会升高。

⑩ 如何减少鸡群的免疫应激?

（1）加强饲养管理，保证良好的饲养条件，鸡群体质好，抗应激能力强。

（2）免疫前后，在饲料或饮水中适量添加电解多维或免疫增强剂等。

（3）使用专业的免疫人员，熟练掌握疫苗接种方法和部位，抓鸡动作要轻提轻放。

（4）油苗要预温至37℃左右，注射针头大小要适中。

（5）冻干苗在点眼、滴鼻、滴口、饮水及喷雾免疫时，要严格掌握免疫剂量和雾滴大小。

⑪ 如何制定蛋鸡的免疫程序?

（1）根据本场、本地区疾病发生实际情况，确定所需接种的疫苗。免疫程序不可能一成不变，要随时调整。

（2）疫苗接种的时间、用量和次数等，决定免疫效果。要根据鸡的日龄、免疫状态、饲养周期、疫病流行特点等，确定适宜的免疫日期和次数。有检测条件的鸡场，可根据检测结果随时调整免疫时间。蛋鸡免疫接种最好都安排在开产前进行，以免影响产蛋。

（3）为防止疫苗之间相互干扰，影响免疫效果，应有合理间隔时间。蛋鸡 120 日龄前常规免疫程序。

1 日龄：新城疫 + 传染性支气管炎二联弱毒苗，喷雾免疫。

7 日龄：新城疫 + 传染性支气管炎二联弱毒苗，滴鼻、点眼。同时新城疫 + 传染性支气管炎 + 法氏囊病三联油苗，皮下注射。

15 日龄：禽流感（H5+H7）灭活苗，皮下注射。同时鸡痘疫苗刺种。

21 日龄：新城疫 + 传染性支气管炎二联弱毒苗，饮水或滴鼻。

30 日龄：新城疫 + 传染性支气管炎 + 禽流感三联油苗，皮下注射。

40 日龄：传染性喉气管炎弱毒苗，滴鼻、点眼。

45 日龄：禽流感（H5+H7）灭活苗，皮下注射。

60 日龄：新城疫 + 传染性支气管炎二联弱毒苗，滴鼻、点眼。同时新城疫 + 禽流感二联油苗，肌肉注射或皮下注射。

80 日龄：鸡传染性喉气管炎弱毒疫苗，饮水或点眼。

110 日龄：新城疫 + 传染性支气管炎二联弱毒苗，饮水或滴鼻点眼。同时新城疫 + 传染性支气管炎 + 禽流感三联油苗，肌肉注射。

120 日龄：禽流感（H5+H7）灭活苗，肌肉注射。

产蛋期需要根据抗体水平，及时进行新城疫、禽流感 H5+H7 的补免。如没有检测条件，一般产蛋期 1~2 个月饮水免疫一次新城疫活疫苗，3~4 个月接种一次禽流感（H5+H7）灭活苗。

⑫ 蛋鸡产蛋期禁用哪些兽药？

（1）抗虫类：二硝托胺预混剂、马杜霉素预混剂、地克珠利、地美硝唑预混剂、盐酸氨丙啉、乙氧酰胺苯甲酯预混剂、盐酸氨丙啉、乙氧酰胺苯甲酯、磺胺喹噁啉预混剂、盐酸氯苯胍、氯羟吡啶预混剂等。

（2）抗生素类：四环素片、甲磺酸达氟沙星（粉末、溶液、注射液、颗粒）、吉他霉素（预混剂、片剂）、那西肽预混剂、阿莫西林可溶性粉、复方氨苄西林、海南霉素钠预混剂、盐酸大观霉素可溶性粉、盐霉素钠预混剂、酒石酸吉他霉素可溶性粉、酒石酸泰乐菌素可溶性粉、硫氰酸红霉素可溶性粉、硫酸卡那霉素注射液、硫酸安普霉素可溶性粉、硫酸黏菌素、硫酸新霉素、越霉素 A 粉剂或预混剂等。

（3）喹诺酮类：乳酸环丙沙星、乳酸诺氟沙星、恩诺沙星、氧氟沙星、烟酸诺氟沙星、盐酸沙拉沙星、盐酸环丙沙星、盐酸洛美沙星等。

（4）磺胺类：复方磺胺氯哒嗪钠粉 、磺胺对甲氧嘧啶、二甲氧苄氨嘧啶预混剂、磺胺喹噁啉、二甲氧苄氨嘧啶预混剂、磺胺喹噁啉钠可溶性粉、磺胺氯吡嗪钠可溶性粉等。

（5）胂制剂：洛克沙胂预混剂、氨苯胂酸预混剂。

（6）动物专用抗菌药：氟苯尼考。

由于鸡蛋药残直接关系到食品安全，因此，国家规定在蛋鸡产蛋期禁止在饲料或饮水中添加抗生素，只能选用中药制剂、植物提取物、噬菌体、微生态制剂、转移因子等替代品。

附录 蛋鸡养殖口诀（三篇）

第一篇

要想养鸡效益高，先把市场预测好。

上鸡之前先消毒，再选鸡苗和饲料。

先进设备查一遍，状态正常方为妙。

科学技术很重要，思想重视第一条。

董云视频天天看，养鸡技术掌握牢。

蛋鸡管理要细心，饲养管理要做好。

鸡舍干净控温度，每天净槽不可少。

忽冷忽热爱感冒，良好通风不可少。

温度适宜很重要，科学防疫是正道。

带鸡消毒须谨慎，饮水清洁最可靠。

药物预防花钱少，遇到有病莫急躁。

第二篇

鸡病复杂闹人心，看病之前要问清。
采食饮水少不少，呼噜咳嗽重与轻。
观察粪便要仔细，解剖全面定病情。
饮食不差鸡无恙，饮食下降病不轻。
如果出现怪叫声，喉炎鼻炎要分清。
肿头肿脸排绿便，鳞片出血也关键。
流感来袭及时控，隔离消毒不怠慢。
还有一种要注意，打蔫难抓抛料多。
粪便相似肠毒症，20天前多发生。
剖检腺胃呈球状，肌胃内金溃疡中。
莫要误诊促病情，腺肌胃炎早治停。
治好不要急做苗，否则反复不好控。
腹泻过料是肠炎，尖叫蹦高腿朝天。
胸肌腿肌都出血，法氏囊病须考虑。
咳嗽过后花斑肾，肾传一定要早治。
三点一腺新城疫，雏鸡糊肛鸡白痢。
眼皮浮肿鼻脓汁，抓住鼻炎不放松。
产蛋下降病很多，抗毒抗菌不可缺。
传喉干咳甩血痰，传支呼吸脖伸前。
卵泡萎缩又变形，沙门菌病把鸡伤。

输卵管内积清水，定是传支在“捣鬼”。

输卵管内积浑水，大肠杆菌腹膜炎。

输卵管内积血水，快治弧菌性肝炎。

若腹膜炎发生快，流感病毒在“作怪”。

脖子后仰像观星，新城后期见此症。

养鸡需要多学习，疾病也在变异中。

第三篇

牢记养鸡顺口溜，养好蛋鸡不用愁。

一靠鸡苗身体壮，二来管理要跟上。

三凭技术服务好，四是饲料营养高。

鸡苗不壮亏七分，管理不行损一半。

饲料料蛋比人高，疫病预防早投药。

疫病提前有先兆，仔细观察早知道。

精神状态是首要，打蔫瞌睡要警惕。

羽毛逆立身有病，尖叫乱跑球虫咬。

低头大肠杆菌病，喷嚏咳嗽呼吸道。

时常注意鸡粪便，黑灰带白是正常。

黄绿粪便是病毒，血条红粪有球虫。

石灰白粪是肾病，黄粪料粪肠炎到。

变黑可能是肠毒，白黄如脂法氏囊。

五颜六色最麻烦，病毒病来跑不了。

呼吸道病较常见，环境控制最重要。

大肠杆菌支原体，常常把那鸡来闹。

同时容易混感病，一定想法控制好。